EXTRAIT
DU MÉMOIRE
DE M. BOTTINEAU
SUR LA NAUSCOPIE,
OU
L'ART de découvrir les Vaiſſeaux & les terres
à une diſtance conſidérable.

De nouvelles attentions produiſent de nouvelles connoiſſances.
Nollet, Diſcours ſur l'étude de la Phyſique, pag. LXII.

1786.

A V I S
DE L'ÉDITEUR.

L'ÉDITION *in-4°* du Mémoire pour M. *Bottineau*, contre M. l'Abbé *de Fontenay* (par M. *Fournel*, Avocat au Parlement), étant deftinée à l'inftruction du procès feulement, les exemplaires en ont été tirés à petit nombre : cependant, comme un pareil Ouvrage appartient d'une maniere toute particuliere à la *Phyfique*, par l'importance de la découverte qui s'y trouve annoncée, & qu'à ce titre il excite l'empreffement général, nous avons cru rendre un fervice au Public, de faire réimprimer le *Mémoire* de M. Bottineau, fous la forme

A ij

d'un *Extrait*, dégagé de la partie *con-*
tentieuſe ; ou dans lequel, au moins,
nous n'avons conſervé, de cette partie,
que les détails, trop eſſentiellement
liés avec le ſurplus pour en être dé-
tachés.

EXTRAIT
DU MÉMOIRE
DE M· BOTTINEAU.

Le sieur Bottineau commence par se plaindre d'avoir été, pendant long-temps, l'objet des sarcasmes & de la dérision de plusieurs Journalistes ; ce qui le contraint de chercher à mettre fin à cette persécution.

« S'il ne s'agissoit, dit-il, que de prétentions littéraires ou de succès passagers, je me garderois bien d'appeler le secours de la Justice ; & laissant une libre carriere à leurs déclamations, je remettrois au Public le soin de me juger. Mais il s'agit ici d'un intérêt trop puissant, pour qu'il me soit permis d'en faire le sacrifice.

Dépositaire d'une des plus utiles découvertes qui aient été faites depuis des siecles, j'en dois la révélation à ma Patrie. Il entre également dans mes obligations de combattre avec constance & fermeté les obstacles qui pourroient traverser mes efforts.

Au nombre de ces difficultés , il faut compter , sans doute , cette espece de confédération littéraire , qui semble avoir pris à tâche de soustraire ma découverte à l'attention du Public , en la présentant comme une de ces brillantes chimeres qui viennent de temps en temps se jouer de sa crédulité.

Il étoit cependant bien facile de mieux juger la découverte & son Auteur ; & je me présentois avec des caracteres qui n'annonçoient ni un visionnaire , ni un imposteur.

Je ne suis point un de ces hommes avides de célébrité, d'honneurs, & de biens, qui, sous l'apparence d'un profond savoir & de connoissances mystérieuses , cherchent à surprendre l'admiration du Public & les récompenses du Gouvernement.

Né dans l'obscurité , je sens que mon plus grand bonheur seroit de n'en point sortir.

Je ne donne pas ma découverte comme le fruit d'un génie supérieur & de connoissances privilégiées , mais comme celui d'une heureuse observation, que tout autre auroit faite également, s'il fe fût trouvé dans les mêmes circonftances. Peut - être même n'y avoit - il qu'un homme peu verfé dans les connoiffances phyfiques, capable d'une pareille obfervation, qui, par fon contrafte avec les notions reçues, ne devoit pas naturellement fe préfenter à l'idée d'un homme inftruit.

La gloire qui me revient de cette découverte, n'efface donc celle de perfonne; & les Savans, en la perfectionnant, trouveront bientôt le moyen de me faire oublier.

Mais pour mettre le Public à portée de connoître & juger cette découverte, il faut au moins que j'obtienne l'avantage d'être entendu fans prévention. Et comment y parviendrai-je, fi des plumes indifcretes ou mal intentionnées, par une expofition artificieufe de ma découverte, lui donnent l'apparence d'une prétention chimérique, indigne d'une attention férieufe? enfin, fi cette efpece d'arêne périodique, ouverte à quiconque voudra m'attaquer, n'eft rigoureufement fermée, quand je me préfente pour me défendre?

Dans une pareille fituation, alarmé fur le fort d'une découverte précieufe, ma feule reffource eft de recourir à l'autorité des Tribunaux, pour obtenir que l'égalité des ar-

mes foit rétablie entre mes Adverfaires &
moi.

Et c'eft l'objet de la demande que je forme
aujourd'hui contre l'Abbé de Fontenay, Auteur du Journal de France.

La difcuffion que je ferai de fes torts envers
moi, juftifiera fans doute ma réclamation. Et
d'un autre côté, le Public y trouvera l'avantage d'obtenir fur cette découverte des détails
dont il a été privé jufqu'à préfent.

F A I T.

Je fuis né avec un goût particulier pour
la navigation, qui fe manifefta dès ma plus
tendre enfance. Sans fortune & fans protecteurs, je n'eus d'autre reffource, pour me
livrer à ma vocation, que d'entrer, à l'âge
de quinze ans, au fervice d'Armateurs, en
qualité de *Pilotin.* Quelque temps après j'allai
à Breft, où j'obtins le même emploi fur les
vaiffeaux du Roi.

Enfuite, je paffai au fervice de la Compagnie des Indes, avec la même qualité.

Ces voyages multipliés me mettoient à portée de me livrer à mon penchant pour l'obfervation des phénomènes qui s'offrent en foule

fur la furface des mers ; mais cette étude fo-
litaire n'étoit qu'un délaffement à mes travaux , toujours remplis avec exactitude ; & dans
mes différens emplois , j'ai eu la fatisfaction
de réunir les fuffrages de mes Supérieurs &
de mes égaux.

En 1764, la Compagnie, voulant me procurer une condition plus avantageufe , me fit
quitter la qualité de *Pilotin* , pour me charger
de la conduite des *travaux du génie au Port
Louis* de l'Ifle de France. Ce nouvel emploi,
en me fixant fur un port, fe concilioit très-
heureufement avec mon goût pour le fpecta-
cle de la mer & l'étude de fes diverfes révolutions.

Le voifinage de la mer m'étoit d'autant plus
précieux à cette époque , que j'avois déjà
conçu les premières idées d'une découverte
importante.

Je commençois à foupçonner qu'il y avoit
un moyen de reconnoître la préfence des vaiffeaux à une diftance confidérable , par l'effet
de quelques révolutions phyfiques , qui procé-
doient d'une caufe éloignée.

J'avois été conduit à cette conjecture , en
obfervant qu'un certain phénomène ne fe manifeftoit jamais aux yeux , qu'il ne fût fuivi

de l'arrivée d'un ou de plufieurs vaiſſeaux ; & le retour fréquent de cette conformité fem- bloit en exclure le fimple hafard, pour lui fup- pofer un autre principe. Auſſi-tôt que cette idée fe fut préfentée à mon imagination, je conçus toutes les conféquences d'une pareille découverte.

Mais plus elle étoit intéreſſante, & plus je fentois qu'il falloit m'en défier.

Comme je n'étois pas aſſez inſtruit pour fai- fir les principes fecrets de cette analogie, ce n'étoit que par une obfervation perpétuelle & par des expériences répétées, que je pou- vois parvenir à reconnoître fi je ne m'abu- fois point.

Mon nouvel emploi fe prêtant heureuſement à ce travail, je me livrai tout entier à mes ob- fervations, & j'eus la joie inexprimable de voir que l'événement venoit avec conſtance confir- mer mes foupçons.

Auſſi-tôt que le phénomène indicateur fe manifeftoit à mes yeux, je ne le perdois plus de vue ; je fuivois fans relâche fes divers développemens jufqu'à fon parfait anéantiſſe- ment ; & prefque toujours cet anéantiſſement fe confondoit avec l'arrivée d'un ou de plu- fieurs vaiſſeaux.

Je dis *presque toujours*, parce que je trouvai quelquefois, mais très-rarement, cette
analogie fautive, en ce que ce phénomène paroissoit sans qu'il arrivât de vaisseau. Au premier exemple que j'eus de ce défaut, je commençai à craindre de n'avoir embrassé qu'une
illusion, parce que, débutant encore dans
cette nouvelle science, mon inexpérience me
laissoit ignorer la cause de cette singularité :
mais de puissantes considérations vinrent sou-
tenir mon courage.

S'il étoit vrai qu'un vaisseau ne paroissoit
pas infailliblement à la suite du phénomène,
il étoit également vrai qu'un vaisseau n'arri-
voit jamais qu'il n'en eût été précédé; d'où
je pouvois conclure que si je ne voyois pas arriver de vaisseaux, c'étoit parce qu'ils avoient
pris une autre route; car je ne devois pas
croire raisonnablement que tous les vaisseaux
qui entroient dans ces mers, à la distance de
deux cents lieues, fussent destinés pour l'Isle
de France.

Pour être en état de prendre un parti sur
cette derniere difficulté, il fallut que j'entre-
prisse de nouvelles observations très-pénibles
& très-laborieuses sur la distance des vaisseaux
& l'époque de leur arrivée, comparées avec

l'époque de l'apparition du phénomène & fes divers développemens. En effet, on conçoit que c'étoit à l'aide d'une pareille étude feulement, que je pouvois parvenir à m'éclairer fur la réalité de la science que je foupçonnois. Je redoublai donc de travaux & de patience.

Auffi-tôt que le phénomène s'annonçoit, j'écrivois la date de fon apparition; je l'épiois avec patience; je tenois un regiftre exact des révolutions qu'il éprouvoit; & pour que rien ne m'échappât de fes gradations, j'allois, la nuit, étudier fes révolutions au *clair de la lune*, & je ne donnois au fommeil que ce que le foin de ma confervation exigeoit. Comparant enfuite mes obfervations avec l'arrivée des vaiffeaux, leur nombre, les journaux des Capitaines, j'acquis la certitude de tout ce qui fuit:

1°. Que le phénomène en queftion fe produifoit infailliblement par la préfence d'un ou de plufieurs vaiffeaux à la diftance de près de deux cents lieues, plus ou moins, fuivant les circonftances.

2°. Qu'il changeoit d'état & de figure en raifon de l'éloignement des vaiffeaux, de manière qu'il y avoit un moyen affuré de juger

de la diftance du vaiffeau , par la connoiffance
des différentes variations du phénomène.

3°. Que d'autres variations apprenoient la
marche plus ou moins rapide des vaiffeaux.

4°. Qu'à l'aide de ce phénomène on pouvoit découvrir s'il y avoit plufieurs vaiffeaux , & à quelle diftance ils étoient l'un de
l'autre.

5°. Que fi l'apparition du phénomène annonçoit infailliblement la préfence d'un vaiffeau dans la circonférence de deux cents lieues,
on ne devoit pas en conclure que le vaiffeau qui produifoit le phénomène , arriveroit
néceffairement au port d'où il étoit apperçu.

6°. Qu'un vaiffeau annoncé par le phénomène
à la diftance de quatre ou cinq journées feulement, pouvoit n'arriver cependant au port que
beaucoup plus tard, à caufe de plufieurs con-
trariétés des temps & de la mer.

7°. Que s'il étoit poffible que le phénomène fe montrât fans le vaiffeau, il étoit phy-
fiquement impoffible que le vaiffeau fe montrât
fans le phénomène.

8°. Qu'à l'approche d'un vaiffeau le phénomène *difparoiffoit*.

On penfe bien que ces éclairciffemens ne
furent point l'ouvrage de peu de temps ; je

n'y arrivai que par une affiduité opiniâtre de plufieurs années paffées dans l'obfervation & le recueillement, loin des diffipations de la fociété & de tout ce qui pouvoit me diftraire d'une occupation que le fuccès me rendoit de jour en jour plus précieufe : ce n'eft pas que je ne fuffe de temps en temps accueilli de réflexions décourageantes fur le réfultat de tant de peines ; mais une force irréfiftible, à laquelle je cédois, me ramenoit, comme malgré moi, à l'objet de mes recherches.

Il femble que la Nature, en choififfant certains hommes pour les rendre confidens de fes myftères, leur diftribue en même tems l'énergie & l'opiniâtreté néceffaires pour vaincre tous les obftacles, même aux dépens de leur repos & de leur exiftence.

Pendant fix années, toujours enveloppé dans mes obfervations, j'eus affez de pouvoir fur moi-même pour ne rien laiffer foupçonner de l'objet qui m'occupoit, & je ne me hafardai à rompre le filence que lorfque je fus affuré de la réalité de la découverte : encore ufai-je de beaucoup de réferve, concevant bien qu'une prétention auffi extraordinaire ne manqueroit pas de révolter les efprits.

Ce fut en 1770 que je fis mes premières

annonces des vaisseaux qui étoient à des distances trop considérables pour être apperçus
par les vigies.

.L'exactitude de ces *annonces* & des circonstances dont elles étoient accompagnées., fit
bientôt une grande sensation dans l'Isle. On
ne concevoit rien à la pénétration d'*une vue*
aussi *subtile*; car c'étoit d'abord sous cette idée
que le Public avoit conçu mes moyens. Mais
comme une pareille supposition blessoit trop
ouvertement la raison, les Habitans, tourmen-
tés du désir de découvrir le principe d'une connoissance aussi étrange, & qu'on appeloit *surna-
turelle*, se permirent les conjectures les plus ab-
surdes.

Quelques-uns des plus obstinés à pénétrer
mon secret, corrompirent mes esclaves, pour
m'épier jour & nuit & leur rendre compte de
mes actions: efforts inutiles, puisque ma découverte, consistant entierement dans l'observation, ne pouvoit se déceler par aucun
procédé extérieur.

Cette difficulté de rien obtenir par adresse,
fit naître l'idée d'employer des moyens vio-
lens; &, dès ce moment, je devins la victime
d'une affreuse persécution, dont il est inutile de
rappeler l'histoire.

Mais cette voie ne réuſſit pas mieux que les autres ; les mauvais traitemens vinrent échouer contre la fermeté de mon caractere. Aigri, par l'injuſtice de pareils procédés, j'avois pris la réſolution inébranlable de tenir ſecret, à la cupidité de mes perſécuteurs, ce qu'ils déſiroient ſi ardemment de m'arracher.

Ce n'eſt pas que je fuſſe dans l'intention de priver ma Patrie de cette découverte ; je ſentois qu'étant un objet de bien public, elle appartenoit au Gouvernement. Mais au moins faut-il avouer que, ſur cet article, on devoit me laiſſer le maître de choiſir le temps, les circonſtances, & les moyens.

Mon intention étoit de ne publier cette découverte que lorſque j'aurois moi-même acquis aſſez d'expérience pour la réduire en un corps de doctrine, capable de devenir l'objet d'un enſeignement public. Les traverſes & les calamités dont je fus accablé, étoient bien capables, ſans doute, de retarder ce moment. Néanmoins, en 1780, me trouvant en état de tenir tête aux plus rigoureuſes épreuves, je me déterminai à m'adreſſer au Gouvernement, pour lui faire l'hommage de ma découverte.

Je pris donc la liberté d'écrire au Miniſtre de la Marine, en offrant de venir en France,

pour

pour le mettre à portée de vérifier la réalité
de l'obſervation.

M. le Maréchal de Caſtries me fit l'honneur
de me répondre, qu'il ne pouvoit compter ſur
la réalité d'une pareille découverte, qu'autant
qu'elle ſeroit appuyée ſur des expériences at-
teſtées par les Adminiſtrateurs de l'Iſle de
France, ſe réſervant à prendre un parti après
le compte qu'ils en rendroient.

Rien de plus ſage aſſurément qu'une pareille
déciſion. Auſſi je ne balançai point à me ſou-
mettre à de nouvelles expériences.

J'obſerverai néanmoins que je n'avois point
de grace à attendre, ſur cet article, de la part
des Commiſſaires devant leſquels j'étois ren-
voyé; je ſavois qu'ils étoient environnés de
ſubalternes qui, piqués de ma réſiſtance à leur
communiquer ma découverte, s'efforçoient de
la diſcréditer, & qui ne manqueroient pas de
rendre cette vérification la plus laborieuſe qu'il
ſeroit poſſible.

Mais ces intrigues, capables d'influer ſur le
ſuccès d'une découverte équivoque & qui
auroit eu beſoin de faveur, devenoient im-
puiſſantes pour une découverte qui, par ſon
évidence, le montroit ſupérieure à toutes les

B

cabales , en même temps qu'elle arrachoit , par sa sublimité , les suffrages de ceux qui étoient le plus intéressés à la dénigrer.

Ce fut donc avec confiance que je me présentai devant M^{rs}. les Administrateurs, pour qu'ils me missent en état de répondre aux désirs du Ministre.

Messieurs les Administrateurs m'ordonnerent de leur faire des *annonces huit mois de suite.*

J'y consentis ; mais je demandai en même temps ,

1°. Qu'il fût tenu , dans les Bureaux du Gouvernement & de l'Intendance, un registre exact de toutes les *annonces* que j'enverrois chaque jour, *par écrit.*

2°. Que les *annonces* fussent enregistrées dans le même ordre qu'elles seroient envoyées.

3°. Que l'on tînt aussi note exacte des *observations* qui seroient envoyées par moi, à la suite des *annonces* , pour les modifier ou les étendre.

4°. Que mes *annonces* & *observations* fussent vérifiées par les journaux des vaisseaux annoncés , à mesure qu'ils arriveroient.

5°. J'observai à MM. les Administrateurs, que, dans les *annonces*, il falloit faire entrer en considération les contrariétés *de la mer & des temps*, qui retarderoient l'arrivée d'un vaiſſeau ; & l'empêcheroient de cadrer avec mes *an-nonces*; que la même raiſon devoit s'appli-quer aux vaiſſeaux deſtinés pour d'autres pa-rages. Mais je réitérai l'aſſurance, qu'il n'arri-veroit pas un ſeul vaiſſeau, que je ne l'euſſe *annoncé pluſieurs jours auparavant*.

Les choſes ainſi entendues, il fut arrêté que *l'examen s'ouvriroit dès le 15 Mai 1782*, & que les *huit mois* commenceroient à courir dès ce jour.

En conſéquence, dès le lendemain (16 Mai) j'envoyai au *Gouvernement* & à *l'Intendance* l'an-nonce de *trois* vaiſſeaux très - proche de l'Iſle, qui étoient retenus, depuis trois ou 4 jours, par *le calme*, & qui devoient paroître aux Vigies ſous 48 *heures*, s'il s'élevoit la moindre briſe.

L'annonce fut enregiſtrée de cette maniere; & l'on obſervera qu'à cette époque, les *Vigies*, placées ſur les montagnes, ne voyoient encore aucune apparence de vaiſſeaux.

Mais le 17, après midi, voilà les *Vigies* qui ſignalent *un* vaiſſeau ſous les vents de l'Iſle.

Le 18, paroît un *ſecond* vaiſſeau, venant du Cap de Bonne Eſpérance.

Enfin, le 20, l'apparition d'un *troiſieme* vaiſfeau vint confirmer l'extrême juftefle de mon annonce.

Le 19, de grand matin, j'annonçai quelques autres bâtimens, différens de ceux annoncés le 16, étant à la diftance de *deux journées* de l'Ifle, & devant paroître dans le courant de ce terme, s'ils n'éprouvoient aucune contrariété de la mer ou des temps.

Effectivement, le 20, arrive *un vaiffeau Hollandois*, venant du Cap de Bonne - Efpérance.

Le 21, autre vaiffeau venant de la Côte.

Le même jour, autre vaiffeau Hollandois, venant de *Batavia*.

Le 27 Mai, à 9 heures du foir, j'eus connoiffance d'un bâtiment à la diftance de plus de *trois journées* de l'Ifle, & que j'annonçai fur le champ, comme devant arriver le 30, s'il n'étoit contrarié.

Deux jours après, c'eft-à-dire, le 29, ce vaiffeau commença à fe manifefter aux Obfervateurs placés fur les montagnes ; & le 30, il arriva.

(C'étoit *le Caftries*, venant de France, qui donna la nouvelle de l'arrivée de M. de Buffi au Cap de Bonne-Efpérance.)

Le 29 Mai, vers le midi, j'annonçai un

vaiſſeau qui devoit paroître ſous 48 heures.

Le même jour, on vit arriver la corvette du Roi, à *un ſeul mât*, expédiée de France pour annoncer l'arrivée de M. de Buſſi.

On penſe bien que le vaiſſeau qui portoit M. de Buſſi ne m'échappa pas ; *le 30 Mai*, je le déſignai avec la même exactitude qui ne ceſſoit d'accompagner mes annonces.

Ce ſeroit me rendre ennuyeux de donner ici un état ſuivi de mes diverſes annonces, & du réſultat qui en atteſte la fidélité ; je me contenterai de citer celles qui ſont capables de frapper davantage.

Le 20 Août 1782, j'eus connoiſſance de quelques vaiſſeaux à la diſtance de quatre journées : le 21 & le 23, le nombre de ces vaiſſeaux multiplia conſidérablement à ma vue ; ce qui m'obligea d'*annoncer beaucoup de vaiſſeaux*. Il y avoit apparence que c'étoit la flotte de M. de Peynier, qu'on attendoit avec impatience depuis deux mois.

Mais quoiqu'elle ne fût qu'à la diſtance de quatre journées, j'obſervai néanmoins qu'on ne pouvoit indiquer un terme fixe à ſon arrivée, attendu qu'elle étoit retenue par le *calme* & les *vents* contraires.

Le 25, le calme étoit ſi complet, que je

crus, pendant quelques heures, que la flotte avoit dif aru & s'étoit éloignée.

Mais bientôt après je reconnus, à des fignes renaiffans, la préfence de la flotte, toujours dans le même état d'inaction & de tranquillité; ce que *j'annonçai* auffi-tôt.

Depuis le 20 Août jufqu'au 10 Septembre, c'eft-à-dire, pendant 21 jours, je ne ceffai d'obferver & d'annoncer *la continuation des calmes* qui retenoient les vaiffeaux en queftion.

Mais, dès le 11, ayant eu connoiffance de l'interruption de l'obftacle, je le déclarai, le 13 Septembre, à MM. les Adminiftrateurs, en leur annonçant la flotte à la diftance de *deux journées*; & par une précifion qui caufa la furprife générale, on vit arriver le 15, c'eft-à-dire, le deuxieme jour, la flotte de M. de Peynier. Mais la furprife redoubla bien enfuite, quand on apprit que la flotte avoit refté depuis le 20 Août à la hauteur des ifles *Rodrigue*, c'eft-à-dire, précifément à la diftance que j'avois indiquée dans mes annonces, & qu'elle y avoit été retenue, par le *calme* & les petits vents contraires, *pendant vingt-un jours*.

J'eus bientôt une autre occafion de faire voir la jufteffe de cette fcience.

Peu de jours après l'arrivée de la flotte de

M. de Peynier, j'annonçai à MM. les Adminiftrateurs la préfence d'une *nouvelle flotte* qui
fe manifeftoit à moi ; ce qui donna beaucoup d'inquiétude, parce qu'on n'en attendoit
point d'autre, & que la flotte dont j'avois
connoiffance pouvoit être une *flotte Angloife*.
MM. les Adminiftrateurs m'ayant fait répéter
mes obfervations , je m'affurai de nouveau du
paffage de cette flotte, en déclarant qu'elle n'étoit
pas deftinée pour l'Ifle , & *qu'elle prenoit une
autre route.*

On me demanda s'il ne feroit pas néceffaire d'envoyer une *corvette* pour reconnoître
la flotte ; je répondis que cette précaution
étoit inutile, parce que la flotte, ayant eu
beau temps, s'étoit éloignée depuis deux jours,
& que d'ailleurs une feule corvette courroit le
rifque de prendre une route contraire.

Néanmoins dès le lendemain , à la pointe du
jour, on expédia fubitement la frégate la *Naïade*
& la corvette le *Duc de Chartres*, pour porter à
M. de Suffren quelques avis.

A fon retour de l'Inde , la corvette rap-
porta avoir effectivement rencontré & évité la
flotte Angloife par le neuvieme degré ; que mal-
heureufement elle n'avoit pas trouvé M. de
Suffren à la baie de Trinquemalle ; ce qui

avoit donné à la flotte le temps d'arriver. Le rapport de la *Corvette* acheva de confirmer, chez les plus incrédules, la réalité de la découverte.

Cette derniere expédition prouve, d'une part, la confiance que MM. les Adminiftrateurs avoient dans mes annonces ; & de l'autre, le droit que j'avois à cette confiance, par la juftefse de mes indications.

Mais MM. les Adminiftratenrs n'avoient pas attendu jufques-là à me donner des marques de leur conviction.

Dès le mois d'Août ils avoient chargé le fieur de Céré, Directeur du Jardin du Roi, de m'offrir de leur part 10,000 livres d'argent comptant & 1200 livres de penfion, fi je voulois communiquer le fecret de ma découverte.

Le fieur *de Céré* ayant employé, pour me porter ces propofitions, *le fieur Fabre*, Chirurgien Major, je les refufai ; ce qui engagea le fieur de Céré de venir lui-même, à plufieurs reprifes, pour me réitérer ces offres *de la part de MM. les Adminiftrateurs :* mais, nonobftant fes inftances, je perféverai dans mon refus, ainfi que je fuis en état de le prouver par la piece fuivante :

« Je *fouffigné*, Chirurgien Major du quar-

» tier du Port Louis , à l'Ifle de France ,
» *certifie* que , dans le courant du mois d'Août
» dernier , M. de Céré , Directeur du Jardin
» du Roi , a offert & proposé à plufieurs
» reprifes , en ma préfence , à M. Bottineau
» une fomme de dix mille livres à titre de
» gratification , & douze cents livres de pen-
» fion pendant fa vie , pour démontrer le fe-
» cret de fa *nouvelle découverte* d'annoncer l'ar-
» rivée des vaiffeaux , pour enfuite *faire des*
» *Eleves* dans cette nouvelle fcience , & *cela*
» *de la part de MM. Adminiftrateurs* defdites
» Colonies , & que j'ai moi-même été le por-
» teur de cette nouvelle à M. Bottineau de
» la part de M. de Céré ; en foi de quoi j'at-
» tefte le préfent véritable. *Au Port Louis,*
» Ifle de France , le 20 Juillet 1783. *Signé*
» FABRE ».

La principale raifon de ce refus étoit que
j'avois formé la réfolution de repaffer en France
pour y porter les premiers principes de cette
nouvelle fcience ; ce qui ne me permettoit pas
de contracter des engagemens qui auroient
contrarié ce voyage.

Cependant les huit mois fixés pour l'examen
de ma découverte étoient expirés; j'avois rempli

ma carrière avec affez de fuccès fans doute, puifque j'avois annoncé *cent cinquante - cinq vaif-*
feaux en *foixante-deux annonces* , fans qu'aucune d'elles eût été fauffe.

Voyant donc s'approcher le temps que j'a-
vois déterminé pour mon départ , je m'adreffai
à MM. les Adminiftrateurs de l'Ifle , pour en
obtenir le témoignage que j'étois obligé de
fournir au Miniftre.

Je ne pouvois me diffimuler que mon refus obftiné de donner le principe de ma découverte , même *à prix d'argent* , avoit indifpofé
MM. les Adminiftrateurs contre moi , & qu'ils
voyoient avec regret s'éloigner de l'Ifle une
découverte qui , par le droit de fa naiffance,
fembloit lui appartenir : mais je favois bien
que le refpect pour la vérité prévaudroit fur
des reffentimens particuliers.

En effet, fur ma réquifition , MM. les Adminiftrateurs me firent délivrer un rapport en forme
de lettre, adreffé à M. le Maréchal de Caftries,
qui contient le témoignage le plus authentique & le plus formel de la réalité de la découverte & du fuccès de mes expériences.

Cette lettre eft trop intéreffante pour n'être
pas rapportée.

Au Port-Louis , Ifle de France , le 18
Fevrier 1784.

MONSEIGNEUR,

« UNE lettre que vous avez écrite , le 6
» Avril 1782 , au fieur Bottineau , ancien Em-
» ployé du fecond Ordre dans cette Colonie ,
» tant au fervice du Roi qu'à celui de la Com-
» pagnie , nous met dans le cas de ne pouvoir
» lui en refufer une pour vous , dont il fe pro-
» pofe d'être lui-même le porteur. Le feul défir
» d'être utile à fa Patrie eft , dit-il , ce qui le
» détermine à cette démarche. Il fe reproche-
» roit de laiffer enfevelie une connoiffance qui
» a jufqu'ici échappé aux yeux les plus clair-
» voyans , & qu'il poffede exclufivement; c'eft
» l'art d'annoncer la préfence d'un ou de plu-
» fieurs vaiffeaux à 100, 150, & jufqu'à 200
» lieues de diftance. Eft-ce le fruit de fes étu-
» des , l'heureufe application des principes de
» quelques fciences ? Nullement : toute fa
» fcience eft dans fes yeux , & il n'en peut avoir
» d'autre : ce que nous appelons pénétration
» d'efprit , génie , ne peuvent fuppléer en lui *à*
» *ce qui lui manque du côté de l'éducation* (1).

_____

(1) Cette obfervation défobligeante , & quelques au-

» Il voit, dit-il, dans la Nature, des signes
» qui lui indiquent la présence des vaisseaux,
» comme nous assurons qu'il y a du feu dans un
» endroit, lorsque nous en appercevons la fu-
» mée : c'est la comparaison qu'il fait lui-même
» à ceux qui se sont entretenus avec lui de son
» art ; c'est, *en conservant son secret*, ce qu'il a
» dit de plus clair, pour faire entendre qu'il
» n'est point parvenu à cette découverte par
» la connoissance d'aucun Art ou d'aucune
» Science qui ait fait l'objet de son applica-
» tion ou de ses études antérieures.

» C'est, suivant lui, l'effet *du hasard* ; il a
» pris la Nature sur le fait, & il a saisi son se-
» cret : ainsi, sa science, proprement dite, ne
» lui a coûté aucune peine : mais ce qui lui a oc-
» casionné beaucoup de travail, & c'est-là véri-
» tablement ce qui vient de lui, c'est l'art *de*
» *juger des distances.*

» Suivant lui, les signes indiquent bien clai-
» rement la présence des vaisseaux ; mais il n'y

tes aussi peu fondées qu'on remarquera dans cette lettre,
doivent être imputées au Secrétaire qui fut chargé de la
rédaction : celui-ci, après avoir fait mille efforts pour m'arracher mon secret, ne me pardonna pas la fermeté que je
montrai à le lui refuser ; & il ne laissa passer aucune occa-
sion de me témoigner son ressentiment.

(29)

» a que ceux qui *favent bien lire ces fignes*, qui
» en peuvent conclure les diſtances; & cet art
» de les bien lire eſt, felon lui, une véritable
» & très-pénible étude : par cette raiſon, il a
» été lui-même pendant très-long-temps la
» dupe de fa fcience. *Il y a quinze ans, au*
» *moins, qu'il prédit ici l'arrivée des vaiſſeaux :*
» dans l'origine, ce n'étoit qu'un jeu; il pa-
» rioit, on parioit contre lui; il perdoit fou-
» vent, parce que les vaiſſeaux n'arrivoient
» point au moment preſcrit : de là, fon ap-
» plication à rechercher la cauſe de fes erreurs ;
» & la perfection de fon art eſt due à cette
» recherche.

» Depuis la guerre, fes annonces ont été
» *très-multipliées*, & vraiſemblablement *aſſez*
» *exactes pour faire fenfation dans le public. Le*
» *bruit en eſt venu juſqu'à nous, avec l'enthouſiaſme*
» *qu'inſpire toujours le merveilleux ;* & lui-même
» il eſt venu nous entretenir de la réalité de
» fa fcience, avec le *ton d'un homme convaincu.*
» Le renvoyer comme un *rêveur*, ç'eût été
» trop *dur.*

» D'ailleurs, *tout giſſoit en preuve*, & nous
» *exigeâmes* qu'il la fît. Il nous a donc fourni
» régulierement, *pendant huit mois, les annonces*
» qu'il a cru pouvoir nous faire ; & le réſultat

» eſt, *que pluſieurs des vaiſſeaux annoncés ſont*
» *arrivés A POINT, & après pluſieurs jours d'an-*
» *nonce.*

» D'autres *ont été retardés*, & pluſieurs *ne*
» *ſont point arrivés.*

» Sur *quelques-uns*, il a été *VÉRIFIÉ* que
» leur *retard* avoit été occaſionné *par des cal-*
» *mes* ou *par les courans.* Sur ceux *qui n'ont*
» *point paru*, le ſieur Bottineau eſt perſuadé
» *que ce ſont des vaiſſeaux étrangers qui ont*
» *paſſé outre ; & EFFECTIVEMENT*, nous
» avons *appris* qu'il étoit arrivé des *vaiſſeaux*
» *Anglois* dans l'Inde, qui pouvoient bien être
» à la vue de l'Iſle dans le temps des annon-
» ces : mais ce n'eſt qu'une conjecture, **que**
» nos occupations ne nous ont pas permis d'ap-
» profondir ; *ce que nous pouvons ASSURER,*
» c'eſt *qu'en général* il paroît que le ſieur Bot-
» tineau *a le plus ſouvent rencontré JUSTE.* Que
» ce ſoit l'effet *du haſard* ou de ſes *connoiſſances,*
» il y auroit peut-être de *l'imprudence à le pro-*
» *noncer :* ce qu'il y a de *CERTAIN*, c'eſt que le
» *fait eſt ſi EXTRAORDINAIRE, ſous quelque*
» *point de vue qu'on le conſidere*, que nous n'avons
» pas cru *pouvoir l'affirmer ou le nier ;* & nous
» avons remis le ſieur Bottineau à nous for-
» cer à prendre un parti *pour ou contre*, en

» *confiant fon fecret* à quelqu'un *d'inftruit & de*
» *fûr :* mais il s'y eft refufé, vraifemblablement
» dans la crainte de ne pas tirer de fa décou-
» verte tout ce qu'il s'imagine qu'elle doit
» lui valoir.

 » En en fuppofant *la réalité*, nous ne croyons
» pas que fon utilité foit *auffi importante que*
» *le fieur Bottineau fe le perfuade ;* mais elle
» pourroit peut-être jeter un grand jour dans
» la Phyfique. *Pour être utile, il faudroit que*
» *cette découverte fût concentrée dans la Nation,*
» *& fût un fecret pour les autres ;* ce qui eft
» *impoffible, fi chaque efcadre, chaque vaiffeau,*
» *chaque corfaire porte un homme qui ait ce fecret.*
» Nous fommes avec refpeét,

MONSEIGNEUR,

Vos très - humbles & très-obéiffans
ferviteurs,

Le Vte. DE SOUILLAC, CHEVREAU.

Telle eft la lettre de MM. les Adminiftrateurs de l'Ifle ; & malgré la mauvaife volonté
du rédaéteur, qui ne m'a laiffé que ce qu'il
ne pouvoit pas m'arracher, cette lettre ne contient pas moins la déclaration authentique de
la juftelle de mes annonces, & du fentiment

d'admiration & de furprife qu'elle imprimoit dans l'efprit de MM. les Adminiftrateurs.

Il réfulte de cette lettre, que tous les vaif-feaux que j'ai annoncés pendant *huit mois*, doivent fe partager en trois claffes.

Les uns font arrivés *à point*, au jour in-diqué, *quoique j'euffe fait l'annonce plufieurs jours auparavant*, dans un temps par conféquent où ils n'étoient vifibles à perfonne. Or ces vaif-feaux arrivés *à point* font les *dix-neuf vingtie-mes* de ceux que j'avois annoncés ; & MM. les Adminiftrateurs conviennent de ce fait, en dé-clarant *qu'en général* j'ai, *le plus fouvent*, ren-contré JUSTE.

La feconde claffe eft compofée des vaiffeaux qui font *arrivés* plus tard que je ne les avois annoncés : mais cette circonftance n'altere en rien la certitude de la découverte, puifque je fais toujours entrer dans mes annonces les con-trariétés *de la mer & des temps*. Le point im-portant, après un *pareil retard*, étoit de vérifier fi, à l'époque de mon annonce, les vaiffeaux étoient effectivement à la *diftance indiquée*. Or le rapport de MM. les Adminiftrateurs me donne un avantage complet à cet égard, en ajoutant qu'il a *été vérifié que leur retard avoit été occafionné par des calmes ou des courans*.

Il

Il ne refte donc plus que les vaiffeaux qui après avoir *été annoncés n'avoient pas paru*; ce qui n'eft arrivé qu'une ou deux fois fur *les foixante-deux* annonces.

Mais on conçoit aifément que dans le grand nombre de vaiffeaux qui paffoient dans la circonférence de cent ou deux cents lieues, il devoit s'en trouver quelques-uns qui ne fuffent pas deftinés pour l'Ifle. En annonçant tous les vaiffeaux qui fe manifeftoient à ma connoiffance, je garantiffois feulement leur préfence à telle diftance de l'Ifle; & mon annonce étoit juftifiée, s'il étoit prouvé depuis, qu'à ce moment même, des vaiffeaux avoient paffé à la diftance indiquée Or c'eft encore ce qu'attefte le rapport de MM. les Adminiftrateurs.

« Et *effectivement* nous avons appris qu'il
» étoit arrivé *des vaiffeaux Anglois* dans l'Inde,
» qui pouvoient être à la vue de l'Ifle *dans*
» *le temps des annonces* ».

Mais obfervez bien ceci; qu'il ne m'eft jamais arrivé de laiffer paroître un feul vaiffeau, fans l'avoir reconnu plufieurs jours d'avance. Voilà ce qui eft attefté par la lettre de MM. les Adminiftrateurs, fans *reftriction*, fans *réferve*, & voilà la vraie *pierre de touche*

C

qui établit la certitude de ma découverte, auffi MM. les Adminiftrateurs ne peuvent s'em. pêcher de marquer leur furprife fur *un fait auffi extraordinaire.*

Et s'ils annoncent quelque incertitude, s'ils balancent d'*affirmer* ou de *nier*, cette perplexité ne frappe que fur le principe fecret qui fert de bafe à mes connoiffances; car, pour le fait en lui-même, ils le préfentent au Miniftre comme *certain* & *affuré.*

Au furplus, la lettre de MM. les Adminif- rateurs ne portoit que fur les annonces faites durant *huit mois*, depuis le 15 Mai jufqu'au 30 Décembre 1782. Mais, antérieurement à la vérification des *huit mois*, j'avois fait une multitude d'autres annonces authentiques, qui avoient été ponctuellement réalifées.

A partir feulement de la fin de 1778 juf- qu'au commencement de 1782, on comptoit CINQ CENT SOIXANTE - QUINZE VAISSEAUX annoncés aux principaux Officiers de l'Ifle, & qui étoient *arrivés conformément à l'annonce.*

Ces derniers n'avoient même fait aucune dif- ficulté de me donner des *certificats* & des *lettres* qui ajoutent aujourd'hui une nouvelle force au rapport de MM. les Adminiftrateurs, & pour- ront même fervir à en interpréter quelques paffages équivoques :

« Je foussigné, Chef du Bureau du Génie
» des travaux du Roi à l'Isle de France, cer-
» tifie que le sieur Bottineau m'a annoncé,
» par différentes fois, plus de *cent vaisseaux*,
» *sans presque jamais s'être trompé* (1) ; *qu'il m'a*
» *annoncé ces vaisseaux, deux, trois, & jusqu'à*
» *quatre jours avant qu'ils ne fussent signalés &*
» *arrivés*, & qu'il savoit faire parfaitement la
» différence quand il y en avoit plusieurs qui
» devoient arriver, ce que *je n'ai pu voir qu'a-*
» *vec beaucoup d'étonnement* : je certifie en
» outre qu'il y a plus de dix ans que je
» lui connois ce talent, dont il a donné une
» infinité de preuves dans toute la Colonie
» depuis ce temps ; en foi de quoi je lui ai
» délivré ce préfent certificat le 16 Novem-
» bre 1780. *Signé*, GENU ».

« Je foussigné, certifie que depuis onze
» ans que je connois le sieur Bottineau, *il*

_____

(1) Je ne me suis jamais trompé sur la connoissance
d'un vaisseau ; on verra, dans ma seconde Partie, combien il est difficile qu'on se trompe à ce sujet ; & ce que
dit ici le certificat, s'applique *aux retards de quelques*
vaisseaux ; ce qui s'expliquera par d'autres certificats.

» m'a une infinité de fois annoncé des vaisseaux,
» un, deux, trois, & jusqu'à quatre jours d'a-
» vance ; qu'il ne s'est presque jamais trompé,
» & qu'il m'a donné sur cette connoissance *les*
» *preuves les moins équivoques ;* en foi de quoi
» je lui ai délivré le présent à l'Isle de France
» le 7 Décembre 1780. *Signé ,* Trebont ,
» ancien Capitaine d'Infanterie ».

Ce certificat est confirmé par une lettre du
même Officier à M. le Comte de C . . . . .
ancien Colonel d'Infanterie, dont voici l'extrait.

« Rappelez-vous, Monsieur, que M. Bot-
» tineau nous annonçoit les vaisseaux *deux*
» *jours avant qu'ils ne parussent sur nos côtes ;*
» il a acquis depuis ce temps *de grandes*
» *connoissances* sur cet article. MM. les Chefs
» de l'Administration, ayant été informés de
» sa découverte, *& désirant en connoître la vé-*
» *rité par eux-mêmes,* l'ont prié de leur an-
» noncer tous les vaisseaux qui feroient voile
» sur nos côtes ; ce qu'il a fait pendant l'es-
» pace de *huit mois ,* à LA PLUS GRANDE SATIS-
» FACTION DE CES MESSIEURS. Sur plus de
» *cent vaisseaux* qu'il leur a annoncés, il ne
» s'est trompé que *deux ou trois fois, encore*

» a-t-il juftifié ces erreurs par les journaux des
» Capitaines des vaiffeaux qui ont éprouvé des
» retards. C'eft une découverte que toute per-
» fonne eft à portée d'acquérir & d'exécuter
» avec le même fuccès que lui, quand il aura
» démontré fes moyens & fon travail.

» On a voulu lui acheter fon fecret à vil prix,
» pour en favorifer des perfonnes que vous con-
» noiffez très-bien, & qu'il vous nommera (1).

» Comme il ne connoît point les ufages
» de la Capitale ni des Bureaux, je vous
» ferai très-obligé de lui rendre fervice à
» cet égard ; c'eft un vrai hounête homme, il
» mérite qu'on s'intéreffe à lui ; je le connois
» depuis quinze ans, & j'ai toujours reconnu
» en lui un grand fond de probité & de droiture :
» avec cela, c'eft l'homme le plus malheureux
» que je connoiffe, fans qu'on puiffe lui rien re-
» procher. Il ne lui refte pas d'autre reffource
» que fon fecret ; je défire que l'Etat le lui
» paye avantageufement ; il emporte avec lui
» de bons certificats, & je vous prie de les faire
» valoir, &c. Signé, TREBONT, le 18 Février
» 1784 ».

_____

(1) Obfervation importante.

Dans le mois de Juin 1780 , M. Lebras de
Villeviderne , Procureur du Roi à l'Isle de
France , m'avoit engagé à lui faire des annonces régulieres pendant quelque temps, afin
de s'affurer par lui-même de la vérité de ma
découverte. Depuis ce moment, jufqu'en
Décembre de l'année fuivante , je lui avois
annoncé *deux cent feize vaiffeaux* : l'ayant donc
prié de me délivrer un *certificat* des expériences dont il avoit connoiffance, il me l'en-
voya, accompagné de la lettre fuivante :

« J'ai reçu, Monfieur, la lettre que vous
» m'avez fait le plaifir de m'écrire, & par
» laquelle vous me demandez un certificat
» fur la vérité des annonces des vaiffeaux
» que vous avez bien voulu me faire : *je ne*
» *puis refufer cet hommage à la vérité;* je vous
» dois ce certificat, en réconnoiffance *du*
» *plaifir & de l'agréable furprife* que m'ont
» caufés vos annonces *par leur réalité continue.*
» Je vous confeille de cultiver ces connoif-
» fances, qui font de la plus grande utilité,
» fur-tout dans les circonftances de la guerre
» actuelle. Les propos de quelques oififs ne
» doivent point vous décourager; tout ce qui
» tient aux Sciences & aux Arts eft refpecta-
« ble à mes yeux.

» Lorfque Chriftophe Colomb propofa fa
» découverte, il fut traité de vifionnaire par
» Jean II, Roi de Portugal, & Henri VIII
» Roi d'Angleterre; & fans Ifabelle de Caf-
» tille, qui encouragea ce célebre Génois,
» l'Amérique feroit peut-être encore incon-
» nue. Cet exemple & mille autres fembla-
» bles prouvent combien il eft prudent de
» fufpendre fon jugement en fait de fyftêmes
» fondés fur la Phyfique & l'Aftronomie.

» Je fuis perfuadé que la Nature a mille
» fecrets qui nous font encore cachés, *& je*
» *fuis forcé de convenir que , dans les annonces*
» *régulieres que vous m'avez faites d'un ou de*
» *plufieurs vaiffeaux , deux ou trois jours avant*
» *que d'être fignalés, j'ai trouvé quelque chofe de*
» *fi* extraordinaire, *que je regrette de n'être pas*
» *affez puiffant ni affez riche pour vous donner*
» *toutes les facilités néceffaires pour perfection-*
» *ner & publier une découverte auffi utile à l'hu-*
» *manité.* J'ai l'honneur , &c. *Signé,* LEBRAS
» DE VILLEVIDERNE, le 5 Novembre 1781.

Suit le certificat.

« Nous fouffigné , Procureur du Roi de
» l'Ifle de France, certifions que , piqué par
« la curiofité de vérifier fi le fieur Bottineau

» ne ſe trompoit pas dans les différentes an-
» nonces qu'il faiſoit des vaiſſeaux qui étoient
» aux environs de l'Iſle , trois ou quatre
» jours avant leur arrivée , je l'ai prié de
» m'annoncer pendant quelque temps ceux
» qui devoient être ſignalés : ſur environ
» *cent quatorze annonces* qu'il m'a faites par
» écrit, il m'a en effet annoncé *deux cent ſeize*
» *vaiſſeaux* depuis le mois de Juin 1780 juſ-
» qu'à ce jour premier Décembre 1781 ; *il ne*
» *s'eſt trompé que quatre ou cinq fois, & il a*
» *juſtifié les retards par les contrariétés imprévues*
» *des temps ; il m'a quelquefois fait ſes annonces*
» *avec des circonſtances qui m'ont d'autant plus*
» *étonné , que le ſieur Bottineau ſait diſtinguer*
» *quand il ſe trouve un ou pluſieurs vaiſſeaux*
» *aux environs de l'Iſle ; & ſur la demande*
» qu'il m'a faite d'un certificat, je n'ai pu
» lui refuſer le préſent, qui eſt très conforme
» à la vérité.

» Au Port-Louis de l'Iſle de France, le
» premier Décembre 1781. *Signé*, LEBRAS
» DE VILLEVIDERNE ».

Ce certificat fut encore appuyé par une
autre lettre dont il me chargea pour M.......
de *l'Académie des Sciences*, à Paris, & dont
voici l'extrait:

« Le sieur Bottineau, ancien Employé du
» Roi & de la Compagnie des Indes, ici de-
» puis plus de 20 ans, est auteur d'une décou-
» verte qui vous paroîtra, comme à tous ceux
» qui en ont été témoins, aussi *nouvelle qu'é-*
» *tonnante & intéressante.* Il est parvenu, par une
» suite d'observations physiques, à découvrir
» les vaisseaux qui sont aux environs de la Co-
» lonie, à la distance de *plus de 250 lieues,* au
» point de les annoncer *positivement* par écrit
» trois ou quatre *jours avant qu'ils soient signalés*
» *& arrivés.*

» Le sieur Bottineau prétend que par les mê-
» mes observations on pourroit découvrir en
» pleine mer plusieurs vaisseaux, soit séparé-
» ment, soit en flotte, & mêmes les terres in-
» connues & étrangeres.

» Vous jugerez facilement, Monsieur, com-
» bien une pareille découverte peut devenir
» utile en tout temps, & sur-tout en temps
» de guerre, aux Colonies & à l'Etat.

» Je ne vous dissimulerai point que les pre-
» miers essais du sieur Bottineau ont éprouvé à
» l'Isle de France toutes sortes *de contradictions,*
» parce que l'on ne pouvoit concevoir com-
» ment cet homme, *non lettré,* avoit pu par-
» venir à *une science aussi sublime.*

» *Il n'en est pas moins vrai*, Monsieur, *que la*
» *découverte existe*, que *la* nature a heureusement
» *servi le sieur Bottineau*, & que, d'après une
» infinité d'expériences, *il n'est plus possible de*
» *douter qu'il ait saisi un point* physique, qui
» *jusqu'à présent avoit échappé à l'esprit humain.*

» D'après une lettre de M. le Maréchal de
» Castries, le sieur Bottineau, muni de plu-
» sieurs certificats & autres pieces nécessaires,
» entreprend le voyage d'Europe, pour tâcher
» de faire accueillir sa découverte : je suis per-
» suadé, Monsieur, que, comme Amateur des
» Sciences, vous ne serez pas le dernier à la
» faire valoir : je serai personnellement recon-
» noissant de l'accueil que vous voudrez bien
» faire au sieur Bottineau ».

Enfin , je joignis encore le certificat de
M. Mélis, Commissaire général de la Marine,
auquel j'avois annoncé, en six mois, *cent neuf*
vaisseaux.

« Nous, Commissaire général de la Marine
» en ce port, certifions, qu'ayant voulu éprou-
» ver si le sieur Bottineau, ancien Employé du
» Roi en cette Ville, avoit réellement le talent
» d'annoncer, *avant les observateurs ordinaires*
» *placés sur les montagnes*, les vaisseaux qui ar-

» rivent ici, & l'ayant prié de nous avertir *par*
» *écrit* de tous ceux qu'il prédiroit, il nous a
» annoncé, *en six* mois ou environ, *cent neuf*
» *vaisseaux, un, deux, trois ou quatre jours avant*
» *le signalement des montagnes*, sur lequel nom-
» bre il n'a erré que de *deux ou trois*, encore
» a-t-il *justifié lesdites erreurs par le calme ou d'au-*
» *tres-contrariétés de la mer.* Nous avons égale-
» ment reconnu, *non sans étonnement*, que ses
» connoissances s'étendoient jusqu'à savoir s'il
» y avoit aux environs de l'Isle *un ou plusieurs*
» *vaisseaux*, & s'ils étoient ensemble ou sépa-
» rément; en foi de quoi nous lui avons déli-
» vré le présent pour lui servir ce que de rai-
» son. Au Port - Louis de l'Isle de France, le
» 16 Mai 1782. *Signé* MELIS ».

Ce fut avec de pareils renseignemens que
je m'embarquai pour la France au mois de
Février 1784, sur le vaisseau *le Fier*, com-
mandé par M. d'Albarede.

Je me promettois bien de tirer parti de ma
navigation pour étendre & perfectionner ma
découverte : par exemple, je voulois vérifier
s'il me seroit possible d'avoir, *en pleine mer*,
la connoissance des vaisseaux, comme de *dessus*
terre.

J'avois, fur cela, quelques raifons de doute
(que j'expliquerai dans la feconde partie de ce
Mémoire).

Mais, dès le 13 Mars (1784), j'eus la fatisfaction de reconnoître que la même *démonftration* avoit lieu de vaiffeau à vaiffeau, comme de *la terre au vaiffeau ;* ce qui venoit
ajouter à cette fcience un nouveau degré
d'utilité.

Les 12 & 13 avril, j'obtins un autre avantage; ce fut de diftinguer les vaiffeaux qui fai-
foient même route, de ceux qui fe *croifoient.*

Mais ce qui vint combler ma joie, fut de
reconnoître que ma découverte s'appliquoit
auffi à la *connoiffance* des terres éloignées de
près de deux cents lieues; avantage précieux
pour la navigation, puifque l'art d'eftimer l'approche de la terre eft une des plus grandes
difficultés de la navigation.

Lorfque je me fus bien affuré que le même
phénomène qui m'avoit guidé fur terre pour
reconnoître les vaiffeaux éloignés & apprécier
leurs diftances, produifoit les mêmes effets en
mer, foit pour les vaiffeaux, foit pour la terre,
& que, par plufieurs expériences tenues fe-
cretes, je fus convaincu de l'infaillibilité du
procédé; je ne balancai plus à en tirer hau-

tement parti pour l'inftruction ou l'utilité de l'équipage.

Le 16 Mai (1784), ayant eu connoiffance du voifinage de la terre à la diftance de vingt à vingt-cinq lieues, & voyant qu'une *forte brife* nous menaçoit de quelque malheur pour la nuit, je fis part de mon eftime à M. Dufour, Officier auffi recommandable par fa bravoure que par fon habileté, & qui étoit alors *de quart*.

Celui-ci ayant, à cette occafion, confulté fon journal & *récapitulé fes points*, trouva que, fuivant fon *eftime*, nous n'étions effectivement qu'à trente lieues de terre; & cette conformité de nos calculs, nonobftant nos différentes manieres d'opérer, lui caufa la plus grande furprife.

Je fis preuve de la même exactitude pour l'approche des vaiffeaux; & mon journal fait foi que j'eus connoiffance de 27 vaiffeaux & de 3 terres, depuis l'Ifle de France jufqu'au *Port de l'Orient*, où je débarquai le 13 Juin 1784.

Je ne fus pas long-temps fans me rendre à Paris, pour me mettre en état d'offrir ma découverte au Gouvernement.

Mais, par malheur, j'arrivois dans une circonftance peu favorable.

A cette époque, les Bureaux des Miniftres

étoient affaillis d'une multitude de découvertes qui enchériffoient l'une fur l'autre pour le merveilleux ; mais la plupart, foumifes à l'examen, avoient démenti leur magnifique fpéculation ; & les gens en place, dégoûtés par ces exemples, fe tenoient en garde contre des prétentions de cette nature.

Cette difpofition m'étoit préjudiciable, en ce qu'elle ne me laiffoit pas même la liberté d'expliquer en quoi confiftoit ma découverte.

Au feul afpect d'une faculté qui faifoit voir les vaiffeaux & les terres à 200 lieues de diftance, on refufoit de prêter l'oreille à une plus ample explication ; parce que l'on s'obftinoit à fuppofer qu'il s'agiffoit d'une vue *perçante* & d'une organifation *particuliere*.

Pendant que, défolé de ce contre-temps, je cherchois des moyens de ramener les efprits prévenus, un homme de Lettres, à qui j'avois infpiré de l'intérêt, fe chargea de me rédiger un Mémoire abrégé, contenant l'expofition de ma découverte, & les témoignages refpectables fur lefquels elle étoit appuyée (1).

_____

(1) Ce Mémoire, à la rédaction duquel je n'ai point participé, & qui fut imprimé à mon infçu, contient des détails & des déclamations que je défavoue abfolument.

L'objet de ce Mémoire étoit de préparer ,
dans le recueillement & la folitude, un jugement plus fain fur ma découverte, en l'offrant
dégagée de toute *apparence de merveilleux* , &
feulement comme le réfultat d'une analogie
phyfique récemment obfervée.

C'eft ici que commencent mes fujets de
plaintes contre l'Abbé de Fontenay, Rédacteur
du Journal général de France , plus connu fous le
nom de *Petites Affiches de Province*.

J'ignore comment il parvint à fe procurer
l'écrit dont je viens de parler , qui n'étoit def-
tiné qu'aux perfonnes en place & en état d'influer fur le fort de ma découverte.

Quoi qu'il en foit , l'Abbé de Fontenay ,
curieux d'alimenter fes Feuilles de tout ce qui
pouvoit piquer la curiofité du Public , entre-
prit de donner un extrait de ce Mémoire ; ce

***

L'Auteur , dans l'intention fans doute de me mieux fervir , s'eft permis des réflexions indifcretes fur le compte
de perfonnes qui ont des droits à mon eftime & à
mon refpect.

De tous les Ecrits qui ont pu paroître fous mon
nom , le préfent Mémoire eft le *feul* qui ait été fait fous
mes yeux , & que *j'avoue.*

qu'il fit de la maniere la plus inexacte (1):
après quoi il conclut par traiter la découverte
avec *mépris* & *dérifion*, ainfi que les expériences
qui l'avoient accompagnée & les témoignages
qui lui servoient de garans.

Dans toute autre circonſtance, la déciſion
de l'Abbé de Fontenay m'eût été de la plus
grande indifférence.

Mais dans un moment où il m'étoit si eſſentiel de reconquérir des eſprits prévenus; où,
ſans appui & ſans protecteurs, je n'avois d'eſpoir
que dans l'impreſſion que feroient les témoignages & les expériences dont j'étois environné;
dans une pareille circonſtance, c'étoit me porter un coup funeſte, de diſcréditer le mérite
de ma découverte, de la préſenter comme un
objet ridicule, indigne d'une vérification ſé-
rieuſe, & enfin, de chercher à ramener les eſprits à cette funeſte prévention que j'avois
tant d'intérêt d'écarter.

_____

(1) Voici un exemple bien frappant de cette inexacti-
tude. L'Abbé de Fontenay, en parlant d'une de mes
expériences faites dans l'Inde, dit qu'elle ſervit à prévenir M. *de la Mothe Piquet* du paſſage de la flotte An-
gloiſe. Or il confond M. de la Mothe Piquet avec M.
de Suffren. M. de la Mothe Piquet n'eſt point venu
dans l'Inde.

Si

Si la décision de l'Abbé de Fontenay ne devoit pas produire cet effet par elle-même, il étoit visible qu'elle ne manqueroit pas de le produire, au moins par contre-coup.

Personne n'ignore qu'en pareille matiere, la premiere décision d'un Journaliste sert de modele à une multitude d'autres, qui font métier de se copier ; de maniere qu'une absurdité une fois imprimée, se reproduisant dans une légion de Journaux, parvient avec rapidité jusqu'aux extrémités du Royaume.

Cependant c'est d'après ces Messagers indiscrets que se compose l'opinion publique.

C'est dans cette source que les trois quarts de la Société vont puiser leurs opinions & régler leur jugement.

Les meilleurs esprits ne sont point à l'abri de cette surprise : ennemis de l'incertitude & de la discussion, ils aiment *une opinion toute faite* ; quelque part qu'ils la rencontrent, ils l'adoptent, jusqu'à ce que quelque coup d'éclat & quelque réclamation énergique soient venus les détromper.

Telle fut la situation où je me trouvai depuis l'annonce du 30 Avril 1785. Elle devint le signal d'une persécution littéraire & périodique, qui, transmettant dans le Public & aux

D

Perfonnes en place une idée peu avantageufe de la découverte que j'annonçois, me priva des fuffrages que je confidérois comme les plus précieux.

Les auteurs de ces papiers publics, entraînés par l'idée que toute ma fcience confiftoit en une extrême fubtilité *de la vue*, donnerent carriere à leur gaîté (1).

Mais la même excufe ne pouvoit point fervir à l'Abbé de Fontenay, puifqu'il réfultoit de fon *extrait* même, du 30 avril, qu'il avoit eu une connoiffance parfaite de l'autre genre de moyen qui m'éclairoit.

Il me parut donc raifonnable, qu'ayant été la premiere caufe de ces clameurs, il fe chargeât auffi d'en arrêter le cours. J'aurois défiré, de fa part, une efpèce de rétractation par laquelle

---

(1) J'ai à me plaindre du Mercure de France, qui, dans fon n° 35 (27 Août 1785), chercha à entretenir le Public dans cette idée abfurde d'une *vue perçante*, & à me ridiculifer, par conféquent, en me prêtant cette extravagante prétention.

Il femble qu'un journal auffi eftimable d'ailleurs, & rédigé par des perfonnes d'un auffi grand mérite, n'auroit pas dû préfenter l'exemple d'une pareille méprife, ou d'une pareille injuftice.

il auroit adouci la dureté de fon annonce du
30 avril 1785, en modifiant la négative irré-
fléchie de fa décifion, & fur-tout en rectifiant
l'opinion du Public fur la nature des moyens
que j'employois.

L'Abbé de Fontenay me devoit affurément cet acte de justice, qui, bientôt répété
dans les autres *papiers*, tant nationaux qu'é-
trangers, n'auroit pas manqué de faire fenfation ; & j'aurois eu l'avantage de voir que la
même fource qui avoit produit le mal, fer-
voit aussi à le réparer.

Mais l'Abbé de Fontenay s'étant refufé à
cette fatisfaction, je me fuis propofé de l'obtenir par les voies judiciaires, étant bien perfuadé, que s'il est possible aux Journaliftes de
caufer beaucoup de mal à l'aide de leur plume,
il doit aussi exister un moyen légal de s'en procurer la réparation ; que pour y parvenir il fuffi-
foit de prouver qu'ils avoient excédé les juftes
bornes de leur miffion ; ce qui n'étoit point
difficile vis-à-vis l'Abbé de Fontenay.

En conféquence le 12 feptembre dernier, je
l'ai fait affigner au Châtelet, & j'ai conclu « à
» ce qu'il lui fût fait défenfe de plus à l'ave-
» nir parler indifcretement, dans fes Feuilles,
» de *chofes qu'il ne connoîtroit point*, ni de

D ij

» porter un jugement injurieux sur les décou-
» vertes & inventions propofées au Gouver-
» nement, & foumifes à fa vérification. Com-
» me aussi qu'il lui feroit enjoint, dans les *no-*
» *tices* qu'il donneroit au Public des mémoires
» concernant lefdites découvertes, de préfen-
» ter des extraits fideles, conformes aux ou-
» vrages, & fans y fuppofer des circonftances
» ridicules qui ne s'y trouveroient pas, & qui
» feroient capables de compromettre la bonne
» foi des auteurs defdits ouvrages, & à in-
» duire le Public en erreur.

» Et que, pour l'avoir fait dans fa Feuille du
» 30 avril précédent, ledit fieur Abbé de
» Fontenay feroit tenu, dans la Feuille qui
» fuivroit la Sentence à intervenir, d'inférer
» une *rétractation* du paffage en queftion ; com-
» me aussi du jugement injurieux qu'il avoit
» porté fur la nature de la découverte, &
» fur la foi due aux témoignages qui la confta-
» toient, &c.

» Sinon que je ferois autorifé à faire *im-*
» *primer la Sentence*, & à en faire inférer la
» mention dans les papiers publics, &c. »

L'Abbé de Fontenay a fourni des *défenfes*
contre cette demande, en me foutenant *non*
recevable ; c'eft-à-dire, qu'il fuppofe chez moi

un défaut de qualité pour l'attaquer ; ce qui est assez difficile à concevoir.

Ou bien qu'il y a chez lui une qualité qui le met à l'abri de l'attaque; ce qui ne me paroît pas plus raisonnable.

Car enfin il ne s'agit point ici de faire rendre compte à un Journaliste de sa maniere de penser & de son opinion.

Il s'agit d'une dénonciation injurieuse, faite dans un extrait infidele, qui altere la vérité des faits, dénature le genre de la découverte, viole le respect dû aux témoignages des principaux Officiers de nos Colonies, & dont l'effet doit être d'attacher à la découverte un caractere de réprobation, & à l'auteur, un caractere de ridicule, qui les ruine l'un & l'autre dans l'opinion publique.

Voilà les griefs que j'ai déférés aux Magistrats & au Public; je vais donc commencer par établir la justice de ma réclamation, en examinant la *notice* du 30 avril 1785 sous ses différens aspects.

Après quoi, pour consommer ma justification, je me propose de lever le voile qui a jusqu'à présent couvert le principe de ma découverte, & le Public, éclairé par cette exposition, s'il n'est pas assez instruit pour con-

D iij

noître cette science dans tous ses détails, le sera assez pour ne point douter de sa réalité.

PREMIERE PARTIE,

Où il est établi que je suis bien fondé à me plaindre de la notice du 30 Avril dernier.

Cette premiere Partie est employée à discuter méthodiquement la *notice* en question, pour établir qu'elle est *injurieuse & indiscrete.*

Malgré l'amertume que cette *notice* paroît avoir causée à M. Bottineau, nous remarquerons que sa réclamation ne cesse pas d'être accompagnée d'un ton de modération peu ordinaire en pareilles circonstances.

Il attaque son Adversaire avec méthode, il le poursuit avec des raisonnemens, il le terrasse avec des conséquences puisées dans la plus saine logique; mais il s'en tient là, sans se permettre le moindre sarcasme ni la moindre personnalité; & la maniere même avec laquelle le sieur Bottineau combat la notice en question, suppose, de sa part, de l'estime & de la considération pour son auteur.

Nous renvoyons au *Mémoire* même pour cette partie *contentieuse*; nous nous contenterons d'en extraire le passage qui la termine,

& qui fert de liaifon à la feconde Partie.

« Mais fi je n'ai pas de *fcience particuliere* pour établir des annonces auffi *régulieres* & auffi *fûres*, ce ne fera donc, fuivant l'Abbé de Fontenay, que l'effet du *hafard*?

En laiffant de côté tout ce que préfente d'abfurde la fuppofition d'un *hafard* qui me fert fi bien depuis vingt ans, je demande s'il n'eft pas tout à fait indifcret d'affigner ainfi le *hafard* pour caufe de mes fuccès, lorfque MM. les Adminiftrateurs, auxquels cette idée étoit d'abord venue, atteftent au Gouvernement qu'il y auroit de *l'imprudence* à adopter *cette fuppofition*, parce qu'ils avoient trop de preuves qui contrarioient une pareille conjecture.

Affurément les Officiers, fous les yeux defquels j'opérois journellement, étoient bien mieux à portée de juger du vrai principe de mes annonces, qu'un Journalifte de Paris, éloigné *de quatre mille cinq cents lieues* de l'endroit où ces expériences ont été faites.

Or MM. les Adminiftrateurs avoient fi peu regardé comme *incroyable* la réalité d'une *fcience particuliere*, qu'ils m'avoient fait offrir, comme on l'a vu ci-deffus, 10,000 liv. d'argent comptant, & 1200 livres de penfion, pour feur communiquer cette *fcience*.

Mais fi la décifion de l'Abbé de Fontenay eft injurieufe à MM. les Adminiftrateurs de l'Ifle de France, elle n'eft pas moins outra-geante pour moi.

Car fi je n'avois pas effectivement de *fcience particuliere*, MM. les Adminiftrateurs de l'Ifle pouvoient trouver la juftification de leur cré-dulité dans l'heureux fuccès de mes annonces: mais moi, quelle excufe aurois-je? quelle idée fe doit-on faire d'un homme affez hardi pour annoncer une découverte dont il connoît lui-même l'illufion, affez téméraire pour s'expo-fer à des *épreuves publiques* durant *huit mois de fuite*, affez artificieux pour trouver le moyen de féduire ce qu'il y a de plus éclairé, de tromper ce qu'il y a de plus refpectable; qui, fachant mieux que perfonne qu'il ne doit fes fuccès qu'à des heureux hafards, eft affez im-pudent pour les attribuer à une fcience parti-culiere qu'il propofe de dévoiler au Gouver-nement; qui refufe des offres avantageufes, comme trop peu *proportionnées à l'étendue du fervice qu'il va rendre à l'humanité*; qui, dans cette fpéculation, quitte fon foyer, fon état, fes emplois, pour aller à quatre mille cinq cent

lieues ; offrir au Gouvernement le développe-
ment de fes connoiffances , la publication de
fa découverte , & *fe foumettre à de nouvelles
épreuves* ?

Si un pareil homme n'a jamais eu que le
hafard pour guide, comme veut le faire croire
l'abbé de Fontenay, fa conduite n'offre qu'un
amas d'actes de perfidie & d'audace , qui doit
le livrer à l'indignation publique & à la févé-
rité du Gouvernement.

Sans doute que l'Abbé de Fontenay ne faifoit pas réflexion à ces conféquences, quand
fa plume traçoit la décifion dont je me plains ;
il ne penfoit pas, qu'en me dépouillant de ma
découverte , il me dépouilloit de tous fenti-
mens de probité ; qu'en dénigrant mes lumieres , il flétriffoit mon cœur.

Non content d'avoir *jugé* ma découverte *incroyable* , l'Abbé de Fontenay la déclare , *même
ridicule* ; c'eft le titre fous laquelle il la livre au
Public.

Cette derniere imputation , quoique moins
férieufe que l'autre en apparence, conduit aux
mêmes conféquences, & elle renferme un fond
de malignité que je vais indiquer.

On fe rappelle que l'Abbé de Fontenay a
commencé par déclarer que j'avois GRAND

BESOIN *d'expériences nouvelles* : or je ne pouvois parvenir à ces *expériences nouvelles*, qu'après avoir acquis affez de confiance auprès du Gouvernement, pour l'engager à fe prêter à cette vérification.

J'avois donc le plus grand intérêt d'écarter tout ce qui feroit capable d'affoiblir cette confiance : mais l'Abbé de Fontenay, en imprimant un caractere de *ridicule* à ma prétention, éloignoit, par cela feul, l'efpoir de ces mêmes expériences, dont il reconnoiffoit cependant que j'avois *tant befoin.*

Car on fait bien qu'en France le *ridicule* eft un inftrument meurtrier, qui étouffe & jugule fans efpoir de défenfe ; que la feule perfpective d'un pareil fort peut glacer le zèle des protecteurs les mieux difpofés, & flétrir, entre les mains du protégé, fes plus heureux moyens.

L'Abbé de Fontenay femble donc inviter, par cette notice, le Gouvernement à ne point *faire les frais* de nouvelles expériences.

Après m'avoir perfécuté dans le *paffé*, il me pourfuit dans *l'avenir* ; & , par le moyen de deux affertions artificieufement combinées, il m'enleve la reffource même qu'il avoit feint de me laiffer.

Enfin, pour ne m'épargner aucune espece d'amertume, il finit par couvrir du même mépris & du même ridicule les témoignages respectables destinés à m'ouvrir l'accès du Gouvernement.

« MALGRÉ, dit-il, les certificats, les lettres, » & autres pieces justificatives que M. Bottineau présente dans son Mémoire ».

On voit dans cette terminaison la même *intention* que pour le surplus.

L'Abbé de Fontenay, au lieu d'indiquer au Public (comme il devoit le faire) la nature des *pieces justificatives* jointes à mon Mémoire, affecte, en ne les détaillant pas, de les confondre avec ces *certificats* mendiés dont les Charlatans ont toujours une provision.

S'il eût appris au Public que ces pieces justificatives consistoient en un *rapport* délivré par le Gouverneur & l'Intendant de l'Isle de France, à la suite de *soixante-deux expériences*; en lettres & certificats émanés des principaux Officiers & Magistrats de l'Isle, & qui manifestoient leur *intime conviction* de la réalité de la découverte; peut-on douter qu'une pareille énonciation, en réveillant l'attention du Public, ne m'eût rendu une foule de protecteurs & de suffrages ?

Mais voilà précisément ce que l'Abbé de
Fontenay vouloit éviter : acharné, on ne sait
pourquoi, à la perſécution de ma découverte,
il trouve le moyen de me nuire, & par ce
qu'il dit, & par ce qu'il ne dit pas.

En voilà, ce me ſemble, aſſez pour juſtifier
ma réclamation contre la *notice* du 30 avril
dernier, & les concluſions que j'ai priſes à ce
ſujet.

Mais la réparation qui m'eſt due, ſoumiſe
aux lenteurs ordinaires des formes, ne s'accé-
lere point au gré de mon impatience.

Il me tarde néanmoins de me rétablir dans la
conſidération du Gouverment & du Public.

S'il ne faut, pour cela, que dévoiler à
leurs yeux le *principe ſecret* de mes connoiſſances, ſi ce n'eſt qu'à ce prix que je peux eſpé-
rer de conſerver à mes concitoyens la jouiſ-
ſance d'une découverte prête à leur échapper,
je ne me refuſe point à ce ſacrifice.

Loin de moi toute idée de crainte & d'alar-
mes ſur les inconvéniens d'une pareille fran-
chiſe : ce n'eſt pas ſous un Monarque géné-
reux & bienfaiſant, ſous un Gouvernement
empreſſé à chercher le mérite & à le récom-
penſer, que de pareilles inquiétudes ſont per-
miſes ; & bien loin de diminuer rien de mes

droits , mon défintéreffement ne fera que les accroître & les affurer.

Je vais donc avec confiance le *révéler* , ce principe *naturel* d'une fcience auffi *extraordinaire* , inconnue aux fiecles paffés , & l'objet de l'incrédulité du nôtre.

SECONDE PARTIE.

Expofition fommaire de la Naufcopie.

La *Naufcopie* eft l'art de connoître l'approche des vaiffeaux, ou le voifinage des terres , à une diftance très-confidérable.

Cette connoiffance ne réfulte ni de l'ondulation des flots , ni de la fubtilité de la vue , ni d'une fenfation particuliere , mais tout fimplement de l'obfervation de *l'horizon*, qui porte avec lui les fignes indicatifs de l'approche des vaiffeaux ou des terres.

Il faut donc favoir, qu'à *l'approche* d'un vaiffeau vers la terre ou vers un autre vaiffeau, il fe manifefte dans l'atmofphère un *météore* d'une nature particuliere, *vifible à tous les yeux*, fans aucune attention *pénible :* ce n'eft point par l'effet d'une rencontre fortuite que ce *météore* fe déclare en pareille circonftance; il eft au contraire le réfultat *néceffaire* du rapprochement du vaiffeau vers un autre vaiffeau , ou vers la terre. L'exiftence de ce *météore*, & la connoif-fance de fes diverfes modifications , confti-tuent la certitude & la précifion de mes an-nonces.

Si l'on demande comment il eft poffible que l'approche d'un vaiffeau vers la terre engendre dans l'atmofphere un *météore* quelconque, & quelle relation exifte entre deux effets fi éloi-gnés; je réponds que je fuis difpenfé de rendre compte du *comment* & du *pourquoi*, qu'il me fuffit d'avoir découvert le *fait*, fans être obligé de remonter à fon principe.

MM. les Savans ne conviennent ils pas eux-mêmes que l'explication des *météores* furpaffe leurs connoiffances ?

Il vaut bien mieux, dit un fameux Chimifte, s'occuper à bien *obferver les myftères* (1) *de la Nature, qu'à chercher à les deviner & à raifonner fur leurs caufes.*

Qu'on ouvre le Dictionnaire de l'Hiftoire Naturelle, par M. Valmont de Bomare, au mot *météore*, on y trouvera ce qui fuit : « Pref-

_____

(1) *Obfervationes veras quam ingeniofiffimas fictiones fequi præftat; naturæ mifteria potiùs indicare, quam di-vinare.* Bergm. de form. criftal.

» que tous les *météores* préfentent dans le mé-
» caniſme de leur formation des difficultés
» confidérables, *des myſtères profonds*, que
» toute la ſagacité des Phyſiciens n'a ſu en-
» core pénétrer. Cette réflexion, ajoute-t-il,
» n'eſt qu'une ſuite de la lecture de *Defcartes*,
» de *Muſshembroeck*, de *Hambergue*, &c. ſur
» les météores ».

Après cet aveu, il n'appartient guère à un
homme auſſi peu verſé que je le ſuis dans les
hautes Sciences, de vouloir expliquer ce que
les plus beaux génies déclarent être *inexplicable*.

Le météore dont je parle, en manifeſtant ſes
effets, pourroit très-bien me cacher ſon principe, ſans que la découverte en ſouffrît la
moindre atteinte.

Néanmoins, comme l'obſervation de vingt
années ſemble m'avoir donné le droit de raiſon-
ner ſur un objet qui m'eſt devenu ſi familier,
voici l'idée que j'en ai priſe (en obſervant
que je ne la préſente que comme une ſimple
conjecture que je ſoumets à la contradiction de
MM. les Savans).

La vaſte étendue des eaux de la mer forme
un gouffre immenſe où viennent s'engloutir des
ſubſtances de toutes eſpèces.

La multitude énorme d'animaux, de poiſſons, d'oiſeaux, de productions végétales & minérales, qui pourriſſent & ſe décompoſent dans ce grand baſſin, engendre un foyer de fermentation qui abonde en eſprits de *ſel*, d'*huiles*, de *ſoufre*, de *bitume*, &c.

La préſence de ces eſprits ſe manifeſte aſſez par l'odeur & le goût déſagréable des eaux de la mer, qui ne deviennent potables que par la diſtillation ou l'évaporation de ces mêmes eſprits dont elles étoient ſaturées.

Ces eſprits, intimement unis avec les eaux de la mer, ſe contiennent dans leurs foyers tant que les eaux ſont dans un état de calme & de tranquillité, ou bien ils n'éprouvent qu'une agitation interne qui ſe manifeſte légerement au dehors.

Mais lorſque les eaux de la mer ſont miſes en mouvement par les *forts temps*, ou par l'introduction d'une *maſſe* active qui ſillonne leur ſurface avec violence & rapidité (tel qu'un *vaiſſeau*), alors les vapeurs volatiles, renfermées dans le ſein de la mer, s'échappent à travers ſes ſillons, & s'élevent en *fumée*, pour compoſer une vaſte enveloppe aux environs du vaiſſeau.

A meſure que le vaiſſeau avance, l'enve-
oppe

loppe s'avance avec lui, en se grossissant à chaque instant des nouvelles émanations qui arrivent du fond des eaux.

Ces émanations sont autant de petits nuages particuliers, qui, venant se joindre les uns aux autres, forment une espèce de *nappe* projetée en avant, & dont une extrémité touche le vaisseau, lorsque l'autre extrémité s'avance, en mer, à une distance considérable.

Cette traînée de vapeurs n'est pas pour cela visible aux yeux; elle échappe à l'observation par la *transparence* de ses parties, & elle se perd avec les autres fluides qui composent *l'atmosphere.*

Mais aussi-tôt que le vaisseau parvient dans une circonférence où il rencontre d'autres vapeurs homogènes, telles que celles qui s'échappent de la terre, on voit tout à coup cette *nappe*, jusqu'alors si limpide & si subtile, acquérir de la consistance & de la couleur, par le mélange des deux colonnes opposées.

Le changement commence aux extrémités prolongées, qui, par leur *contact*, se réunissent, se renforcent, & se colorent; & ensuite, de moment en moment, & à mesure de la progression du vaisseau, la métamorphose se gradue, gagne le centre; & enfin, l'engrainement

E

étant complet, le phénomène en devient d'autant plus manifeste, & le vaiſſeau paroît.

Voilà, en peu de mots, la révélation de la cauſe & des effets d'un phénomène qui, tout merveilleux qu'il eſt, rentre néanmoins dans l'ordre des notions phyſiques. Il n'eſt queſtion à préſent que de donner quelques détails ſur le moyen d'en tirer avantage, & de répondre aux objections qui naiſſent naturellement de cette expoſition.

§. I.

De l'uſage de la NAUSCOPIE ſur terre.

Quelque cauſe que l'on puiſſe aſſigner au phénomène que je viens d'indiquer, toujours eſt-il certain qu'il eſt infailliblement le ſatellite d'un vaiſſeau, & que, par ſa configuration prolongée, il ſe manifeſte aux yeux, *un, deux, trois, quatre, cinq,* même *ſix* jours avant le vaiſſeau lui-même, ſuivant la qualité du temps & la nature des obſtacles qu'il rencontre.

Lorſque le vaiſſeau a le vent en poupe, & qu'aucune contrariété ne vient traverſer ſa marche, c'eſt alors que le phénomene *précurſeur* jouit de ſa plus grande célérité, & qu'arrivant aux yeux de l'obſervateur pluſieurs jours

avant le vaiſſeau, il met l'obſervateur à portée
d'annoncer la préſence d'un vaiſſeau, à *une
diſtance conſidérable ;* mais quand le vaiſſeau eſt
contrarié par les vents, on conçoit que cette
circonſtance doit avoir la plus grande influence
ſur la progreſſion du phénomene : voilà pourquoi je dis, que le phénomene ſe manifeſte
tantôt *quatre* à *cinq jours* avant le vaiſſeau, &
quelquefois *un* jour ſeulement, d'autres fois
deux , &c.

Le défaut d'uniformité dans l'apparition,
réſulte du plus ou du moins d'obſtacles qu'elle
éprouve.

On ſeroit naturellement tenté de croire
qu'il y a des temps où le phénomene ne de-
vroit *nullement* ſe manifeſter avant le vaiſſeau,
par exemple, pendant les vents *debout,* qui
paroiſſent, au premier coup-d'œil, capables
d'entraîner *au loin* le phénomene, même le
diſſiper, & *l'anéantir* tout à fait ; cependant
cela n'arrive point.

Toute l'impétuoſité des vents ſe réduit à
retarder l'apparition du phénomene, ſans le *dé-
truire.*

Mais quand le vaiſſeau eſt parvenu à une
certaine diſtance de la terre, alors le phénomene a acquis une telle conſiſtance, qu'il ſur-

monte les efforts des vents les plus impétueux, qui, en le déchirant & l'agitant, en laiſſent néanmoins ſubſiſter *quelques traits*, ſur leſquels ils n'ont pas de *priſe.*

Je ne m'engagerai pas à expliquer cette ſingularité ; mais (ce qui vaut beaucoup mieux ſans doute) je m'engage à la *prouver* par l'expérience ; & quand il ſera queſtion de donner les *détails* de cette ſcience, je démontrerai à l'œil, cette portion *indélébile* & *inaltérable* de vapeurs, qui conſerve, avec ténacité, ſa direction vers la terre, malgré tous les efforts *des vents contraires.*

De là, chacun peut concevoir quelle étoit l'erreur de ceux qui s'imaginoient que j'avois des prétentions à une organiſation *privilégiée.*

Toute ma ſcience ſe réduit à bien ſaiſir l'apparition de ce météore avant-coureur, à en diſcerner les caracteres, pour ne point le confondre avec d'autres nuages errans dans l'atmoſphere, & qui ne ſont d'aucune conſidération.

On conçoit également qu'on n'a pas beſoin, pour cette obſervation, de lunettes ni d'inſtrumens de Mathématiques ; les yeux ſuffiſent.

Il n'eſt pas même néceſſaire d'être fixé ſur le rivage ; par-tout où l'horizon de la mer

fera découvert aux yeux, l'obfervateur fera
en état de recevoir l'avertifſement des vaiſ-
feaux éloignés.

Au furplus, la maſſe nébuleuſe ne ſe préſente
pas aux yeux ſubitement & avec la plénitude
de ſes caracteres. Les premieres apparences
ſont d'abord équivoques, & elles ne ſervent
qu'à donner l'alerte à l'obfervateur, qui dès
ce moment eſt averti de commencer ſon étude, pour ſuivre l'état du phénomène, ſans ſe
preſſer de rien aſſurer. Mais voilà que peu à
peu les formes ſe développent, les couleurs
prennent un certain ton, le volume acquiert
de la confiſtance ; de maniere que le *Nauf-
cope* ne doute plus & ne peut plus douter
qu'il n'y ait un vaiſſeau derriere, parce que ces
formes & ces développemens ſont tels , qu'ils ne
ſont propres qu'à cette eſpèce de *vapeurs* ; c'eſt
alors que l'obfervateur peut *annoncer* , ſans
crainte de ſe tromper, la préſence d'un ou de
pluſieurs vaiſſeaux.

A meſure que le vaiſſeau avance, le météore
s'étend, ſe déploye ; la certitude de l'obſervateur s'accroît, & le tout ſe termine par l'ac-
compliſſement de ſon annonce.

C'eſt ainſi que, depuis le moment que je me
ſuis familiariſé avec cette ſingulière analo-

gie, je n'ai pas manqué, une feule fois, de voir mes annonces fuivies du plus grand fuccès. C'eft cette ponctualité qui caufoit l'*étonnement* dont il eft tant parlé dans la lettre de MM. les Adminiftrateurs, & les *certificats* des habitans de l'Ifle de France. Convaincus des effets, mais déconcertés fur la caufe, ils ne pouvoient concevoir qu'il exiftât une *Science* qui pût donner à l'homme la préconnoiffance d'événemens auffi éloignés du côté des temps & des lieux. Le peuple cherchoit dans des opérations magiques le principe de cette merveille, & les gens plus inftruits n'avoient d'autres reffources que d'attribuer *au hafard* un fait auffi *extraordinaire* & auffi *étonnant*.

Cependant rien n'eft plus *naturel* que ce principe; une fois dévoilé, il donne la clef de ce prétendu *prodige*, qui a *étonné* les uns, & provoqué l'incrédulité des autres.

§. I I.

Du moyen d'eftimer les diftances.

La découverte d'un fatellite nébuleux, compagnon de voyage d'un vaiffeau, & le précédant de plufieurs journées, étoit fans doute une découverte importante, quand même elle fe feroit bornée là ; mais en même temps je conçus qu'elle acquerroit un bien plus grand prix, fi je parvenois à en obtenir des renfeignemens fur la diftance des vaiffeaux, leur nombre, leurs évolutions, &c. ; que ce feroit un moyen de créer une nouvelle Science, précieufe à toutes les Nations, & qui feroit le plus grand honneur à mon fiecle.

En conféquence je commençai à m'occuper de l'*eftime* des diftances, & par une étude fuivie des diverfes modifications du *phéno-mene* (en raifon de la proximité des vaiffeaux) je fuis parvenu à graduer exactement les dif-tances, & à me compofer une échelle de pro-greffion.

Auffi a-t-on vu MM. les Adminiftrateurs & les principaux Officiers de l'*Ifle*, parler avec *étonnement* de mon adreffe à prédire *jufte* & à *point* l'arrivée des vaiffeaux.

§. I I I.

Du moyen de reconnoître la quantité des vaiffeaux.

Dès l'inftant qu'il me fut bien démontré qu'un vaiffeau n'étoit jamais en mer, fans être accompagné d'une maffe de vapeurs qui le précédoient, il me fut aifé de concevoir que la réunion de plufieurs vaiffeaux devoit augmenter cette maffe & la modifier d'une maniere différente.

Auffi c'eft ce qui a lieu infailliblement ; chaque vaiffeau fourniffant le même phénomène, les phénomènes fe réuniffent fans fe confondre : de ces *tableaux particuliers*, il fe compofe un *tableau général*, qui laiffe appercevoir les traits propres à chaque vaiffeau : il n'y a pas de Marins qui n'ayent une parfaite connoiffance de cet état particulier de l'horizon ; mais tous fe font accordés à le regarder comme un jeu bizarre, effet néceffaire du caprice des vents & de la légereté des nuages, fans foupçonner qu'il y eut la moindre liaifon entre ces *révolutions* de l'atmofphere, & des corps flottans au loin.

La connoiffance que j'ai acquife fur *le nombre* des vaiffeaux n'eft pas arrivée au point de les calculer avec une précifion mathématique. Voici, à cet égard, jufqu'où j'ai porté mon favoir.

Je diftingue *infailliblement* quand il n'y a *qu'un vaiffeau*, & il ne m'arrivera jamais d'en annoncer plufieurs, quand il n'y en aura qu'un

feul.en mer. Le *météore* m'eft trop familier pour
avoir à craindre cette méprife.

Lorfqu'il y a plufieurs vaiffeaux à peu de
diftance les uns des autres, je conjecture, au
volume & *aux formes* du météore, quel peut
être le nombre des vaiffeaux.

Je ne me flatte pas de les déterminer *nu-
mériquement* ; parce que leurs traits caractérif-
tiques, quoique féparés, ne laiffent pas cependant d'opérer , par leur multiplicité, une con-
fufion capable d'égarer le calcul.

Mais fi je puis me méprendre fur les *indi-
vidus*, je ne peux pas me méprendre fur les
maffes ; & quand j'annonce *plufieurs* vaiffeaux,
il eft de toute certitude qu'il y en a *plufieurs*.

Les annonces que j'ai faites, au mois d'Août
1782, à MM. les Adminiftrateurs de l'Ifle de
France, fourniffent un exemple frappant d'une
pareille diftinction.

Le 21, j'annonce *quelques vaiffeaux*; le 22,
à midi, je déclare *plufieurs* vaiffeaux.

Enfin , le 23, j'en annonce *beaucoup*, c'eft-
à-dire , une flotte.

D'où venoit cette variation ? C'eft que d'a-
bord il n'y avoit que neuf ou dix vaiffeaux
qui étoient entrés dans ma circonférence :
mais lorfque, le 21 & le 23, d'autres vaiffeaux

fe furent montrés dans les mêmes eaux; alors cette réunion , manifeſtée ſucceſſivement , m'annonça la préſence d'une flotte; ce qui étoit vrai.

Au ſurplus , cette préciſion rigoureuſe , à laquelle je n'ai point encore de prétention, n'eſt pas impoſſible à obtenir ; elle ſemble même une conſéquence néceſſaire du principe que j'ai indiqué.

Puiſqu'il n'y a pas de vaiſſeau qui ne porte avec ſoi ſon *ſatellite*, & que chaque vaiſſeau fournit ſon contingent à la maſſe générale, il ne doit plus être queſtion que d'apporter beaucoup de ſagacité & d'attention pour démêler les traits *propres* à chaque vaiſſeau, & les calculer avec juſteſſe.

§. IV.

Du moyen par lequel les vaiſſeaux ſe reconnoiſſent reſpectivement, en pleine mer, à une diſtance conſidérable.

La même raiſon qui manifeſte à la *terre* l'approche d'un vaiſſeau , décele auſſi aux vaiſſeaux l'approche d'autres *vaiſſeaux* à des diſtances plus ou moins éloignées, ſuivant *les temps.* Avant ma *traverſée* de l'*Iſle*, en France,

je n'avois aucune certitude de cette conformité,
parce que j'ignorois fi la proximité d'un vaiffeau opéroit fur un autre vaiffeau le même
effet que la proximité de la terre ; mais l'expérience m'a convaincu que les effets font les
mêmes ; ma navigation m'en a fourni des
preuves irréfiftibles, qui font confignées dans
mon *Journal.*

Jamais l'indication n'a été contrariée par
l'événement : *vingt - fept* apparitions du météore , m'ayant *vingt-fept* fois annoncé des
vaiffeaux, nous eûmes auffi *vingt-fept rencontres,*
ponctuellement conformes aux indications du
météore, pour le terme, pour la diftance, &
pour le nombre , ainfi qu'il eft juftifié par mon
Journal.

Cette *préconnoiffance*, qui excitoit l'enthou-
fiafme des paffagers & tourmentoit leur curiofité , n'avoit rien que de naturel : un million de vaiffeaux fe préfenteroient fucceffive-
ment, qu'il faudroit que le météore fe renou-
velât un million de fois ; il n'y a rien de plus
étonnant à cela, que de voir l'éclair préluder
le tonnerre , la fumée annoncer du feu , ou la
pouffiere précéder l'arrivée d'une armée. Toutes
les fois qu'une caufe quelconque fe reproduit,
il eft néceffaire que fon effet fe reproduife auffi.

C'eſt par une ſuite de ces vérités incon-
teſtables qu'on doit déjà être familiariſé d'a-
vance avec un effet bien important attaché à
ma découverte; je veux dire la *connoiſſance des
terres* à une trés-grande diſtance.

§. V.

De la manifeſtation des terres.

S'il eſt vrai que ceux qui ſont dans un port
de mer puiſſent être avertis de la préſence d'un
vaiſſeau à une diſtance conſidérable, par l'altération qui ſe déclare dans l'atmoſphere ; ceux
qui ſont dans ce vaiſſeau reçoivent également
l'avertiſſement du voiſinage d'une terre, à l'aſ-
pect de la même *apparition* dont ils ſont auſſi
les témoins.

Ainſi, le même flambeau qui révele à la
terre l'approche d'un vaiſſeau, révele au vaiſſeau le voiſinage de la terre.

Je préſumois cette réciprocité d'effets, avant
mon dernier voyage; & l'expérience, en con-
firmant ma conjecture, ne m'a cauſé aucune
ſurpriſe ; mais je n'ai pu me défendre d'un ſen-
timent d'admiration ſur cette ſuperbe opéra-
tion de la nature, & ſur la révolution qu'elle
doit apporter dans l'art de la Marine.

Pour peu que l'on ait une idée de la navigation, on fait qu'un de fes plus grands dangers confifte dans les *atterrages*, & que le foin
de prévenir ce malheur occupe perpétuellement les Officiers chargés de la manœuvre du
vaiffeau.

Mais on fait auffi que l'art de la Marine n'a
jufqu'à préfent fourni aux plus habiles Marins
que des *données* fautives, & des reffources
équivoques pour *eftimer* la diftance des terres.

De là vient qu'on voit fi fouvent les plus
expérimentés navigateurs tomber, par l'incertitude de leur pofition & de leur *point*, dans
des méprifes, dont le moindre inconvénient
eft de retarder la marche du vaiffeau & de pro-
longer confidérablement le voyage.

Quelquefois, fe croyant près de terre (quoi
que la terre foit très-éloignée), ils prennent
toutes fortes de précautions pour ne point
être pouffés à la *côte*, comme de *courir des bor-
dées*, de *faire fervir à petites voiles*, de *tenir le
large*, &c. &c.

D'autres fois, victimes d'une funefte fécu-
rité, l'équipage eft jeté furles écueils, à l'inftant même où il s'*eftimoit* à plus de 100 lieues
de terre.

Ceux d'entre les Marins qui font en droit

d'avoir le plus de confiance dans leurs calculs & leur expérience, feront obligés d'avouer que leurs moyens font fouvent anéantis par la furvenance des *gros temps* & de *l'obfcurité*.

Mais le phénomène que j'annonce furmonte tous ces obftacles.

Il fournit un moyen d'eftime qui s'étend à une diftance dont aucun autre moyen n'a jamais approché, & qui, par fa *précifion* & fa *fûreté*, l'emporte fur tous les procédés connus.

Un de fes avantages inappréciables, eft de n'être pas anéanti par les *gros temps* & l'obfcurité.

La fureur des vents, les horreurs de la nuit refpectent ces précieux caracteres que la nature femble imprimer dans l'atmofphere pour le falut des voyageurs.

Au milieu de la folitude effrayante des mers, une main protectrice entretient perpétuellement un *fanal* falutaire pour découvrir aux hommes errans fur ces abîmes, leurs compagnons de voyage, les mettre à portée de fe chercher & de fe fecourir.

Cette terre maternelle, dont l'habitant téméraire s'eft échappé par une efpèce de rebellion, fe repréfente fans cefle à lui, du plus loin poffible, comme pour remettre fur la route un enfant égaré , & le rappeler à fon élément.

Faute d'avoir entendu ce fignal bienfaifant, que de vaiffeaux ont péri à quelques lieues d'une terre ignorée, qui leur offroit un afile! que d'entreprifes abandonnées par le défefpoir de rencontrer ce qui fe montroit aux yeux !

§. V I.

Réponfes aux Objeſtions.

La rapidité avec laquelle j'ai jeté quelques unes de mes affertions, a fans doute déja donné lieu à plufieurs objections. Par exemple, comment croire qu'il exifte un phénomene d'une efpece auffi *oſtenſible*, & qui ait échappé, jufqu'à préfent , à l'obfervation des Navigateurs?

Les *Marins*, dira-t on, ne connoiffent pas de difpofition atmofphérique qui ait rien de femblable à ce que j'avance , & qui foit d'une telle étendue, qu'elle puiffe en même temps embraffer un efpace de 50,100 même de 200 lieues.

J'annonce que le phénomene ne fe *detruit* pas pendant *l'obſcurité*. Mais il y a telle *obſcurité* qui ne permet pas aux Marins de voir la tête de *leurs mâts*, à plus forte raifon des objets auffi éloignés d'eux doivent-ils leur échapper. D'ailleurs, dans cet état, la difpofition uniforme de l'atmofphere ne laiffe fubfifter aucuns tableaux, aucunes variations qui puiffent fervir d'indices.

D'un autre côté, on voit quelquefois l'atmofphere fe conferver pendant un grand nombre de jours, dans l'état le plus *clair* & le plus *ferein*, fans qu'on puiffe y remarquer la moindre altération ; cependant alors on ne rencontre pas moins de terres ni de vaiffeaux, qui n'ont point affurément été précédés du phénomene précurfeur que j'indique.

Toutes ces objections, affurément très-judicieufes, font néanmoins fufceptibles de folutions fatisfaifantes, mais qui ne doivent pas trouver leur place ici. Je ne me fuis point engagé à développer dans ce Mémoire tous les détails de la Science nouvelle que j'annonce ; mais feulement à *déclarer* un phénomene, qui, jufqu'à préfent n'avoit pas été foupçonné ; cet objet étant rempli, il me femble qu'il doit m'être permis de veiller à la confervation de ma *propriété*, en l'environnant de difficultés qui lui fervent de *défenfes*. Le grand point eft d'obtenir de moi la *preuve* d'un *phénomene* qui foit le produit de la marche d'un vaiffeau, & qui le précede à la diftance au moins *d'une journée*. Quand on fera convaincu

de

de ce premier *effet*, (qui paroiſſoit incroyable)
on me rendra aiſément ſa confiance pour le
reſte.

§. V I I.

Des moyens de vérifier, de nouveau, la réalité du
phénomene en queſtion.

Plus je donne d'importance à ma *découverte*,
& plus on eſt autoriſé à m'en demander des
preuves.

Mais il ſemble que, juſqu'à préſent, il n'y
a point de reproche à me faire à cet égard,
puiſque je n'ai refuſé aucune eſpece de preuve
qui m'ait été demandée, & que je ſuis ſorti,
avec ſuccès, de celles auxquelles j'ai été ſou-
mis.

Il ne faut donc plus regarder la découverte en queſtion comme un ſimple *ſyſtême*
appuyé ſur des ſpéculations plus ou moins
vraiſemblables. Il ne s'agit pas d'un fait *poſſible*,
& qui eſt ſeulement dans l'ordre des *probabi-*
lités ; il s'agit d'un fait *prouvé*, & dont la réalité
eſt établie par tout ce qui eſt capable d'entraîner la conviction, tel que le ſuccès de
vingt années d'expériences & le témoignage
des perſonnes qui, par leurs lumieres, ſont en
état de juger d'un pareil fait, & qui, par leur

place, ont droit de l'*attester :* on ne refusera pas ces qualités au *Gouverneur, à l'Intendant de l'Isle, au Chef du Bureau du Génie, au Commissaire général de la Marine, au Procureur du Roi de l'Isle, à des Gentilhommes, &c. &c.*

On a vu que le seul motif d'incertitude qui tint MM. les Administrateurs de la Colonie en balance sur la réalité d'une science particulière, étoit l'impuissance de se faire l'idée d'une pareille science, ni de rien rencontrer dans la nature capable de justifier des indications aussi éloignées.

Mais en levant le voile que j'avois étendu sur cette science, je leve aussi la difficulté, & l'incertitude disparoît avec le prestige.

Si l'on joint à ces considérations, ma persévérance à m'occuper de cette découverte pendant vingt années, la confiance avec laquelle je l'ai sans cesse soumise à la vérification, mon courage à lutter contre une multitude d'obstacles de toute espece, l'abandon de ma fortune, de mes emplois, un voyage de quatre mille lieues pour venir en faire l'hommage au Gouvernement, sans *autre espoir de récompenses que celles qui resulteroient d'un succès bien constaté :* alors il est impossible de ne pas voir, dans ce concours de circonstances, les caractères d'une découverte réelle, & qui n'est point l'ouvrage d'une imagination exaltée.

Mais si tant de préjugés favorables n'équivalent pas encore à une conviction intime, je suis prêt à me soumettre à toutes les épreuves qu'il plaira au Gouvernement d'exiger pour une nouvelle vérification de la science que j'annonce.

C'est, même aujourd'hui, le seul objet de mes désirs, & la seule grace que je n'ai cessé de solliciter du Gouvernement.

Tant que ma découverte est restée obscure ou mal connue, & que, dénaturée par des plumes indiscrettes, elle n'offroit à l'idée qu'une prétention révoltante, fondée sur des moyens *mystérieux* & *magiques*, ou sur une *organisation privilégiée*, je conçois qu'une pareille vérification a dû éprouver de la difficulté.

Mais à présent que, par l'exposition détaillée de mes expériences & de mes moyens, ma découverte a acquis un degré de vraisemblance qui ne permet plus de la voir avec indifférence; j'ai tout lieu d'attendre que je serai admis à de nouvelles expériences.

Bien loin de chercher à élever des difficultés (comme il arrive souvent de la part de ceux qui craignent l'examen en feignant de le folliciter), je me prêterai moi-même à tout ce qui pourra fimplifier , & affurer les moyens.

Rien ne feroit , par exemple , plus aifé , que de m'envoyer dans un Port de mer , pour y annoncer, pendant un certain temps, les vaif-feaux qui pafferoient à la diftance d'une ou de *plufieurs journées*.

Enfuite , mes *annonces* étant comparées avec l'arrivée des vaiffeaux , avec les déclarations & les journaux des Capitaines , il fera bien facile de s'affurer de la juftefle de mes *annonces*.

Je n'indique cette efpece d'expérience que pour plus grande *promptitude*, & pour éviter les frais & les inconvéniens d'une *croifiere;* mais fi le Gouvernement , déjà raffuré par un fuc-cès de cette nature, veut enfuite prendre des renfeignemens plus détaillés fur les autres effets de la *Nauscopie*, je ferai toujours difpofé à lui procurer cette fatisfaction.

D'ailleurs ne voit-on pas que cette expé-rience , toute fimple qu'elle eft, entraîne né-ceffairement les conféquences que j'ai an-noncées?

Dès qu'il fera prouvé qu'il exifte , pour la *terre*, un phénomène indicateur de la marche d'un vaiffeau, on croira aifément que cette même indication doit être viſible au vaiſſeau, & l'avertir de l'approche de la terre ; qu'il en doit être de même de vaiſſeaux à vaiſ-ſeaux ; que le météore doit éprouver diver-ſes modifications , en raiſon de la diſtance de la terre, de la marche, de la quantité des vaiſſeaux , &c., & qu'enfin, la connoiſ-ſance de ces états différens doit conſtituer une *ſcience*.

Le point eſſentiel eſt donc de VÉRIFIER le *météore*, puiſqu'il exiſte un tel enchaînement entre le *météore* & ſes effets, que prouver l'un, c'eſt prouver tout le reſte.

Au ſurplus, ce que je viens de dire ſur l'inutilité d'expériences ultérieures, n'eſt que par forme d'obſervation ; car d'ailleurs je réi-tere ma proteſtation de ne me refuſer à au-cune des *épreuves* qu'il plaira au Gouverne-ment de m'indiquer ; trop heureux de parve-nir, à force de ſoins, de patience, & de docilité, à opérer ſon entiere conviction.

§. V I I I.

Moyen de tirer avantage de cette découverte.

Lorſqu'après des expériences réitérées, la découverte en queſtion ne pourra plus faire la matière d'un doute (ce qui doit infailliblement arriver); la confiance dont je me trouverai, alors, honoré, de la part du Gouvernement, me mettra à portée de communiquer au Public cette nouvelle fcience, avec des développemens, foutenus de la *démonftration*.

Comme il ne s'agit pas d'une organifation particuliere, mais d'une faculté commune à tout le monde, la jouiffance de cette découverte appartiendra à tous ceux qui feront curieux de la poff. der.

Pour ne point expofer les élémens de cette fcience aux dangers d'une *tradition* infidelle, qui pourroit, en l'altérant, la difcréditer ou la rendre illufoire, je me propofe de les configner dans un Traité complet de *Naufcopie*, qui contiendra la defcription du *météore*, avec fes diverfes modifications, & les conféquences qu'il en faudra tirer, pour l'eftime des *diftances, de la quantité des vaiffeaux, leur marche, leur fituation, leurs évolutions*, &c.

A ces defcriptions, qui feront faite le plus clairement poffible, & par une plume exercée, fe joindront des cartes & des figures tracées *d'après nature* & fous ma *démonftration*, par un habile Deffinateur.

Ces planches, appliquées à la lecture de

l'ouvrage, en faciliteront l'intelligence.

Si le Gouvernement, par des vues politi-
ques, juge à propos de fe réferver quelques
détails particuliers, je dépoferai le *manufcrit*
& les *planches* à la Bibliotheque du Roi, ou au
Bureau de la Marine, ou tel autre endroit qui
me fera ordonné, & je ne communiquerai au
Public que la portion de la fcience qui lui
fera abandonnée.

Quelques entraves, au refte, que puiffe
recevoir cet enfeignement, il préfentera toujours affez d'intérêt & d'avantage pour exciter
la curiofité de toutes les Nations de la terre.
Les Etrangers, devenus, comme autrefois,
tributaires de nos connoiffances, viendront
apprendre chez nous les élémens d'une fcience
auffi *extraordinaire*; & joignant ce nouveau
don à celui de la *bouffole*, la France fe trouvera deux fois la bienfaitrice des Nations.

Signé, BOTTINEAU.

Voyez, fur cette faculté extraordinaire
Plin. nat. Hift. VII. 21. Cic. IV. Acad.
Val. nea. I. viij. Extern. 14